AF463183

PETITE ENCYCLOPÉDIE POPULAIRE
PAR AMÉDÉE GUILLEMIN

LIBRAIRIE HACHETTE ET Cie, A PARIS

PETITE

ENCYCLOPÉDIE POPULAIRE

DES SCIENCES

ET DE LEURS APPLICATIONS

LES ÉTOILES

PETITE ENCYCLOPÉDIE POPULAIRE

DES SCIENCES ET DE LEURS APPLICATIONS

Par Amédée GUILLEMIN

EN VENTE :

La Lune. — *Description physique, volcans et montagnes, météorologie.* Un vol. gr. in-18, illustré de 2 grandes planches et de 46 vignettes. 5e édition .... 1 fr. 25

Le Soleil. — *Sa lumière et sa chaleur, ses taches, sa constitution physique et chimique, son rôle dans le monde solaire et dans le monde sidéral.* Un vol. gr. in-18, illustré de 58 vignettes. 4e édition. 1 fr. 25

La Lumière et les Couleurs. — Un vol. gr. in-18, illustré de 71 vignettes. 2e édition .... 1 fr. 25

Le Son, *notions d'acoustique physique, physiologique et musicale.* 1 vol. gr. in-18, illustré de 70 vignettes. 2e édition .... 1 fr. 25

Les Étoiles, *notions d'astronomie sidérale.* 1 vol. gr. in-18, illustré de 63 vignettes, d'une carte céleste et d'une planche coloriée.... 1 fr. 25

EN PRÉPARATION :

L'Électricité.	**La Pesanteur.**
Les Nébuleuses.	**Les Étoiles filantes.**

OUVRAGES DU MÊME AUTEUR, PUBLIÉS PAR LA MÊME LIBRAIRIE :

Le Ciel. — *Notions d'astronomie à l'usage des gens du monde.* — 5e édition, entièrement refondue et considérablement augmentée, illustrée de 62 grandes planches dont 22 tirées en couleur et de 361 vignettes insérées dans le texte dont un grand nombre de nouvelles. 1 magnifique vol. gr. in-8 jésus .... 30 fr.
Relié 36 fr.

Les Phénomènes de la Physique. — 2e édition, illustrée de 457 figures insérées dans le texte et de 11 planches imprimées en couleur. 1 magnifique volume gr. in-8 jésus .... 20 fr.
Relié 26 fr.

Les Applications de la Physique *aux Sciences, à l'Industrie et aux Arts.* — 1 magnifique volume gr. in-8 jésus, illustré de 427 vignettes insérées dans le texte, de 22 grandes planches dont 6 imprimées en couleur et de 3 cartes .... 20 fr.
Relié 26 fr.

Les Comètes. — 1 magnifique volume gr. in-8 jésus, illustré de 78 vignettes et de 11 grandes planches en couleur .... 10 fr.
Relié 16 fr.

Les Chemins de fer. — *Tracé, construction, mécanisme, matériel et exploitation.* — 5e édition, illustrée de 135 vignettes. 1 vol. in-16.. 2 fr. 25

La Vapeur. — *Théorie et applications; les machines à vapeur dans l'industrie manufacturière, la navigation, les chemins de fer, etc.* 1 volume in-16 illustré de 123 vignettes. 2e édition .... 2 fr. 25

Éléments de Cosmographie. — 4e édition, conforme aux programmes de l'enseignement secondaire spécial. 1 vol. gr. in-18, illustré de 2 planches et de 164 vignettes .... 3 fr. 50

Coulommiers. — Typog. Paul BRODARD.

PETITE ENCYCLOPÉDIE POPULAIRE

PAR AMÉDÉE GUILLEMIN

LES ÉTOILES

NOTIONS

D'ASTRONOMIE SIDÉRALE

OUVRAGE

ILLUSTRÉ DE 63 FIGURES

GRAVÉES SUR BOIS, D'UNE CARTE CÉLESTE ET D'UNE PLANCHE COLORIÉE

PARIS

LIBRAIRIE HACHETTE ET Cie

79, BOULEVARD SAINT-GERMAIN, 79

1879

LES ÉTOILES

Il y a des gens qui trouvent la mer monotone.

L'incessante variété d'aspect de l'immense plaine liquide, les mille nuances dont la lumière du ciel en colore la surface, la succession du calme, qui parfois rend ses eaux unies comme un miroir, à l'agitation et aux rides d'une légère brise, puis aux vagues, à la houle menaçante, enfin aux convulsions de la tempête, tout cela ne les touche point. Ils ne comprennent rien à l'émotion qu'un tel spectacle fait naître, non-seulement dans l'âme d'un artiste, d'un poète, mais dans celle du plus simple de ceux que les beautés naturelles ne laissent point insensibles. Ils se récrient si l'on exprime, si l'on caractérise une telle émotion, en disant qu'en présence de la mer, on sent peu à peu la pensée pénétrée, envahie par le sentiment de l'infini!

Ce sont les mêmes personnes sans doute qui ne jettent jamais sur le ciel d'une nuit étoilée, qu'un regard d'indifférence, qui passent, sans le voir, devant un spectacle d'une si éblouissante splendeur, qui de leur vie ne sont restés une heure en contemplation devant une telle sublimité. C'est un autre océan que celui qui brille au-dessus de nous, mais un océan plus calme, en apparence du moins, que l'autre, tout aussi majestueux cependant, tout aussi propre à exciter en nous, sinon de vives émotions, du moins de hautes pensées. Est-il possible, en effet, dès qu'on jette un coup d'œil sur le ciel, et que le premier moment d'admiration est passé, de ne pas éprouver le besoin de se demander ce que c'est qu'une étoile, ce que sont ces milliers de points scintillants dont les feux illuminent les profondeurs de l'espace?

Cet autre océan, sans fin ni fond, cet abîme d'éther au sein duquel nous voguons portés sur notre terre, navire insubmersible, et où nous voyons semés avec profusion, étoiles, soleils, planètes, comètes vagabondes, est bien une mer comme la mer liquide dont les flots baignent les côtes de nos continents et de nos îles; mais c'est une mer sans rivages. Le fluide subtil qui la remplit, est comme l'eau de l'océan, dans un mouvement perpétuel, dans une agitation sans fin; des ondes le sillonnent dans tous les sens, et avec une rapidité inouïe, s'y propagent sans se confondre, portant avec elles la lumière, la chaleur, les conditions essentielles du mouvement et de la vie. C'est grâce à ces ondulations, invisibles elles-mêmes, que nous pouvons percevoir tout ce qui existe; se répercutant avec une délicatesse infinie, une fidélité merveilleuse sur le fond de notre rétine, elles y tracent le tableau de l'univers, et, au lieu de la profonde obscurité du vide, au sein de l'espace sans bornes, nous découvrent cette multitude de foyers lumineux que l'astronomie nous apprend être autant de soleils semblables au nôtre. Comme au sein de l'océan terrestre, la vie pullule dans les profondeurs de l'océan éthéré.

Ce n'est pas seulement, d'ailleurs, un splendide décor, une illumination plus ou moins féerique que le ciel avec ses myriades d'étoiles. Ce spectacle qui ravit les yeux du corps n'est que l'apparence extérieure d'un spectacle bien autrement admirable, celui que la science est parvenue à révéler aux yeux de l'esprit, en lui faisant voir dans chaque étoile tout un monde, ayant à son centre un foyer de puissance et de vie, où d'autres astres, invisibles pour nous, puisent incessamment, comme le fait notre globe au foyer solaire. Là où, depuis des siècles, tout semble en repos, dans ces régions que les anciens considéraient comme à l'abri de toute altération, dans ces corps dont ils faisaient le siége de l'incorruptible, de l'immuable, la science moderne a découvert les plus rapides mouvements connus; elle a su observer des changements dont les plus redoutables événements terrestres, dont les plus effroyables catastrophes qui aient laissé des traces dans la mémoire des hommes ne sauraient donner l'idée.

Les natures contemplatives, rêveuses, se plaisent à bercer leur mélancolie au spectacle du ciel étoilé; dans cet azur constellé d'or et d'argent, semé d'une poussière de pierres précieuses, leur imagination aime à s'enfoncer et à se perdre. La marche silencieuse du cortége des étoiles leur cause l'impression d'une douce harmonie, elles y cherchent volontiers la musique idéale entendue par Pythagore. Il leur semble que, dans ces lointaines sphères, tout ce qu'il y a de grossier, de terrestre en nous-même et en ce qui nous entoure, ait disparu, ne laissant que l'essence des choses, un éther subtil, ce qu'il y a de plus pur dans l'être. En un mot, le sentiment poétique refait ainsi le rêve des anciens, du *cœli incorrupti* : des régions célestes il fait le séjour de l'incorruptible, de l'immuable, de l'éternel, du divin. Mais chez les philosophes, latins ou grecs, l'incorruptibilité des cieux était une hypothèse, spéculation pure, et non affaire de rêverie ou de sentimentalisme. Ils n'admiraient peut-être pas moins que nous la nature; ils n'étaient pas moins sensibles à ses beautés, à ses magnificences, à sa grandeur; mais ils l'étaient autrement. Plus poussés à l'action qu'à la contemplation, ils avaient, dans les premiers jets de leur imagination naïve, personnifié tous les phénomènes naturels, mais ceux d'entre eux qui étaient portés à scruter les causes des choses, ne s'attardaient point à substituer aux superstitions polythéistes un lyrisme plus ou moins sincère; les épanchements romantiques leur demeurèrent inconnus. Le plus tendre de leurs poètes ne voyait-il pas le bonheur dans la pure contemplation du vrai :

Felix qui potuit rerum cognoscere causas !

Mais ces causes, ces raisons des choses, les anciens étaient-ils parvenus à en sonder le mystère? S'étaient-ils rendu compte de ce qu'est le ciel, l'espace qui entoure la Terre, de ce que sont les étoiles qui brillent dans les profondeurs de l'espace?

Non. Il s'en faut de beaucoup, et la raison en est aisée à comprendre. Il y eut, sans doute, dans l'ancienne Égypte, en Chaldée, puis en Grèce, des observateurs attentifs aux .phénomènes astronomiques. Les mouvements des principaux astres, celui du ciel tout entier, dans leurs rapports avec les phénomènes terrestres, furent décrits par eux avec soin, et peu à peu ils parvinrent, grâce à l'accumulation des observations, à posséder des données assez exactes sur les périodes de ces mouvements. Mais on sait qu'ils ne réussirent point à pénétrer le sens vrai des apparences. Persistant, grâce surtout à certaines idées préconçues, à faire de la Terre le centre du monde, et à la considérer comme immobile, le Soleil, la Lune et les cinq autres planètes alors connues, leur semblaient seuls en mouvement; du moins, seuls de tous les astres, ces sept corps célestes avaient pour les anciens, un cours individuel, une marche libre dans l'espace du ciel. Toutes les autres étoiles, reléguées aux confins de l'univers, attachées à une voûte cristalline et transparente, entraînées seulement par le mouvement de rotation de la voûte à laquelle elles étaient fixées, étaient des points lumineux relativement immobiles, des *fixes*, par opposition aux corps errants, aux *planètes*.

L'idée que se faisait du ciel, dans ces temps reculés, non-seulement le vulgaire qui voit sans réfléchir, mais tout homme instruit, tout philosophe, nous semble aujourd'hui bien singulière. Pour les Hébreux du temps de Moïse, le ciel était une vaste tenture, un voile recouvert de feux étincelants, une tente sous laquelle gisait la Terre ; c'était un magnifique spectacle offert par Dieu à l'admiration des hommes. D'ailleurs le ciel était fermé ; bien plus, il était solide, et l'espace vide où se mouvaient un petit nombre de corps célestes était limité par cette voûte matérielle. Le mot στερεωμα, de la version des Septante, traduit par le latin *firmamentum*, entraînait nécessairement cette idée de fermeté, de solidité, qui fut d'ailleurs d'autre part nettement indiquée par les philosophes grecs.

Les cieux des anciens étaient de forme sphérique, la sphère étant la figure parfaite par excellence, et le mouvement circulaire uniforme le seul qui lui convienne. Mais l'observation leur ayant fait voir que certains astres, comme la Lune, le Soleil, les planètes, outre le mouvement général du ciel, possédaient un mouvement propre qui les entraînait en sens inverse avec des vitesses inégales, il leur fallut, pour rendre compte de ces anomalies, imaginer des cieux multiples, emboîtés les uns dans les autres, en nombre égal à celui des astres en question. De là, les sept cieux de la Lune, de Mercure, de Vénus, du Soleil, de Mars, de Jupiter et de Saturne. Un huitième ciel, comme eux transparent et solide, faisait mouvoir d'ensemble toutes les fixes, attachées à sa surface, selon Anaximène, comme des clous à une voûte. Un neuvième ciel fut imaginé par Ptolémée, comme moteur principal de tous les autres; c'est celui qu'on nommait le *premier mobile* (primum mobile). Au XIIe siècle, Alphonse de Castille dut ajouter un dixième, puis un onzième ciel, dans le but d'expliquer certaines particularités des mouvements célestes. Enfin, aux confins de ces cieux cristallins, se trouvait le ciel empyrée, le séjour de Dieu [1]. Ce nom d'empyrée répond à la croyance que, par delà les cieux solides, était le feu, le feu pur. Pour les uns, tel était déjà le ciel des fixes, et les étoiles elles-mêmes étaient de feu « car chaque chose se compose des éléments du milieu où elle existe; » d'autres, Aristote notamment, niaient que les étoiles fussent de feu et que leur mouvement eût lieu dans le feu. Mais une idée commune à la plupart des anciens qui ont spéculé sur ces matières, c'est que le ciel, comme les étoiles, était incréé, immuable, impérissable. Ce n'est que dans les espaces inférieurs, dans le monde sublunaire, que les choses, les êtres formés des éléments

1. Ce sont là les douze cieux plus communément adoptés. Mais certains astronomes en admettaient un beaucoup plus grand nombre. Eudoxe en compta 23, Calippus, 30, Regiomontanus 33; Aristote en comptait, dit-on, 47 ; Fracastor jusqu'à 70. Ces bizarres hypothèses de l'ancienne astronomie se perpétuèrent, comme on le voit par certains des noms qu'on vient de citer, jusqu'aux temps où Copernic et Galilée, par leurs immortelles découvertes, firent écrouler toutes ces constructions fantasmagoriques, vains produits d'une métaphysique plus vaine encore.

grossiers, de la terre, de l'eau, de l'air, sont sujets à des changements, à la destruction, à la corruption.

La croyance à un ciel empyrée s'est perpétuée dans tout le moyen âge. Il est singulier de la trouver encore dans les écrits d'un savant du XVIIIe siècle, qui, à la vérité, était autant ou plus théologien qu'astronome. Le chanoine Derham, l'auteur de la *Théologie astronomique*, a émis (dans les Transactions phil. de 1733) cette idée singulière, que les nébuleuses sont probablement des vides ou ouvertures, au travers desquels l'œil découvre « l'immense région lumineuse placée au delà des étoiles fixes. » En effet, dit-il, en tout temps, les auteurs sacrés et profanes ont été persuadés qu'il y avait une région au delà des étoiles. Ceux qui ont imaginé des orbes solides ou cristallins, ont cru qu'il y avait un empyrée au-delà des cristallins et du premier mobile, et ceux qui n'ont point admis de cristallins, mais qui ont supposé que les corps célestes flottent dans l'éther, ont prétendu que la région des étoiles ne bornait point l'univers et qu'au delà était un espace qu'ils ont nommé la troisième région et le troisième ciel. »

Ce reste bizarre des croyances astronomiques de l'antiquité et des superstitions du moyen âge, ces croyances elles-mêmes n'ont plus besoin aujourd'hui d'être réfutées, et déjà le persiflage de Voltaire suffisait, il y a un siècle, pour en disperser le dernier vestige. Dans son conte de Micromégas, il fait, comme on sait, voyager un habitant de Sirius, de soleil en soleil, de globe en globe, comme un oiseau, dit-il, voltige de branche en branche; puis il ajoute : « Il parcourut la Voie Lactée en peu de temps; et je suis obligé d'avouer qu'il ne vit jamais, à travers les étoiles dont elle est semée, ce beau ciel empyrée que l'illustre vicaire Derham se vante d'avoir vu au bout de sa lunette. Ce n'est pas que je prétende que M. Derham ait mal vu, à Dieu ne plaise ! mais Micromégas était sur les lieux, c'est un bon observateur, et je ne veux contredire personne. » Arago, qui cite ce passage, ajoute avec raison qu'on ne pouvait faire une critique de meilleur ton de la bizarre conception de Derham.

La science moderne a détruit toutes ces barrières qui limitaient l'univers, tous ces orbes qui faisaient ressembler le ciel à l'une de ces machines cosmographiques d'autrefois, faites de cercles entrelacés, bons à figurer les lignes de convention dont les astronomes ont besoin pour déterminer les positions relatives des astres. Le vrai système du monde, enfin découvert par Copernic, agrandit d'abord l'espace libre du ciel jusqu'aux limites du monde planétaire, et fit circuler autour du Soleil, non-seulement les planètes, mais aussi la Terre ; il donna le mouvement, non plus à de prétendues sphères de cristal, mais aux corps célestes eux-mêmes, et, par une conséquence que la science ne tarda point à déduire, aux étoiles fixes, qu'elle assimila à autant de soleils relégués à des distances, pour ainsi dire infinies, dans les profondeurs de l'espace.

A partir de Galilée, le télescope recula encore les bornes de l'univers visible. La Voie Lactée se résolut en myriades d'étoiles, et, dans toutes les directions du ciel, on vit se décupler, se centupler l'innombrable population céleste. En même temps que le ciel s'agrandissait dans ses profondeurs, il s'accroissait aussi dans sa périphérie. Les régions jusqu'alors inconnues du ciel austral, les brillantes constellations du Centaure, de la Croix, du Navire [1], les Nuées de

1. Une partie des étoiles de ces constellations étaient déjà connues des astronomes anciens, qui pouvaient les

Magellan furent contemplées avec surprise par les premiers navigateurs européens qui accompagnèrent ou suivirent Vasco de Gama. Ainsi la vue simple agrandit les dimensions du ciel en même temps que la vue télescopique.

Mais la connaissance des lois des mouvements célestes, les découvertes de Képler, de Newton et des géomètres successeurs de ces puissants génies, en inaugurant la vraie astronomie moderne, ont fait plus encore pour accroître l'immensité de l'espace. Grâce à elles, l'esprit humain, montant comme par une échelle ascendante, a pénétré à des profondeurs de plus en plus reculées, tout à la fois dans l'espace et dans le temps : dans chacune de ces directions, il a eu comme une vision de l'infini. Les mondes, les associations de mondes, entassés les uns derrière les autres, se sont multipliés à mesure que la puissance des instruments d'optique s'est accrue, et, suivant l'expression du grand Herschel, l'univers, même en le bornant à la Voie Lactée, est resté insondable.

Le langage est impuissant, devant la majesté des résultats obtenus, à peindre la stupéfaction qu'éprouve la pensée, lorsqu'elle s'efforce à suivre, dans ses enroulements indéfinis, la succession des mondes. Heureusement, c'est pas à pas qu'elle arrive à cette conception de l'ensemble des choses, comme aussi c'est par degrés, bien lentement il faut le dire,

voir sur l'horizon d'Alexandrie, mais tout le ciel circompolaire austral (à 30 et quelques degrés du pôle) resta inconnu jusqu'à la fin du moyen âge. A la vérité, la précession des équinoxes fait varier, avec les âges, cette partie du ciel invisible aux horizons d'un hémisphère, et Humboldt fait observer que « 2900 ans avant notre ère, la Croix du sud brillait sur l'horizon de Berlin et s'élevait alors à 7° de hauteur » (à 10° 40′ sur l'horizon de Paris).

que la science est parvenue à rassembler les observations, à formuler les lois, à conquérir, en un mot, l'ensemble des connaissances qui rendent possible l'intelligence de la constitution de l'univers, tout au moins de la portion de l'univers accessible à la vue de l'homme. Donner un aperçu des plus saillantes de ces connaissances, en ce qui concerne les étoiles, c'est tout l'objet de cet ouvrage, qui doit être considéré comme une simple introduction à l'étude de l'astronomie sidérale, pour ceux de nos lecteurs qui ne se contenteront point de notions aussi élémentaires, et comme un résumé des données scientifiques actuelles pour ceux qui ne se proposent point d'aller plus avant.

Cela dit, entrons en matière.

CHAPITRE PREMIER

LES ÉTOILES

§ 1. — Scintillation des étoiles.

Est-il au monde un spectacle à la fois aussi touchant et aussi grandiose que celui du ciel, observé par une belle nuit !

Si l'on a soin de choisir pour observatoire une station bien à découvert, comme l'est une plaine unie, le sommet d'une colline ou encore l'horizon de la mer ; si la lumière de la Lune n'éteint pas la lumière des étoiles, et si l'atmosphère, un peu humide, possède toute sa transparence et sa pureté, on voit des milliers de points lumineux étinceler de toutes parts, accomplissant lentement et avec ensemble leur marche silencieuse. Le contraste de l'obscurité qui règne alors à la surface de la Terre avec cette voûte resplendissante, donne une profondeur indéfinie à l'océan céleste qui surplombe nos têtes. Mais laissons là la magnificence du spectacle, pour l'étudier lui-même dans ses plus minutieux détails.

Commençons par nous occuper des apparences.

Un premier caractère commun à toutes les étoiles, c'est un changement d'éclat, incessant et très-rapide, qui a reçu le nom de *scintillation*. Arago définit ainsi le phénomène : « Pour une personne regardant le ciel à l'*œil nu*, la scintillation consiste en des changements d'éclat des étoiles très-souvent renouvelés. Ces changements sont ordinairement, sont presque toujours accompagnés de variations de couleurs et de quelques effets secondaires, conséquences immédiates de toute augmentation ou diminution d'intensité, tels que des altérations considérables dans le diamètre apparent des astres, ou dans les longueurs des rayons divergents qui paraissent s'élancer de leur centre, suivant diverses directions. »

On peut observer la scintillation dans les lunettes ; Simon Marius, Nicholson, Arago ont donné divers procédés pour étudier de cette façon le phénomène, dont les phases deviennent alors beaucoup plus rapides et plus tranchées qu'à l'œil nu. Nicholson a pu constater que la lumière de Sirius change distinctement de couleur, avant d'arriver à l'œil, au moins trente fois par seconde (on trouvera plus loin d'autres curieux résultats de ce genre, trouvés par M. Montigny).

C'est à François Arago qu'est due la théorie partout admise aujourd'hui de la scintillation : elle est basée sur la théorie des interférences, et consiste à attribuer les changements d'éclat et de couleur de la lumière d'une étoile aux chemins inégaux qu'ont parcourus les ondes lumineuses dans leur trajet au sein de l'atmosphère. Il en résulte des destructions alternatives partielles dans la partie rouge, verte, bleue, etc., du faisceau lumineux et, par suite, des variations d'éclat et de couleur. (Voy. dans l'*Annuaire du Bureau des Longitudes pour* 1852, la notice d'Arago sur la scintillation, et les notes de MM. Wolf et Montigny, *C. Rendus* 1868.)

Toutes les étoiles scintillent, quel que soit leur éclat, du moins dans nos régions tempérées. Mais l'intensité de ce mouvement lumineux n'est pas la même pour toutes, et d'ailleurs elle varie à la fois avec le degré de pureté du ciel, avec l'élévation des étoiles au-dessus de l'horizon, et avec la basse température des nuits ; pour les petites étoiles, elle est assez forte pour amener par moment leur disparition complète. Comme, selon la théorie d'Arago, la scintillation est due à la différence de vitesse des rayons de diverses couleurs traversant les couches atmosphériques, inégalement chaudes, denses ou humides, on comprend que le phénomène éprouve dans son intensité, des variations qui dépendent des pays aussi bien que des temps. Ainsi, la scintillation est généralement plus forte aux époques où les temps d'orage et de pluie sont proches. Les vents violents, le temps alternativement serein et couvert, sont favorables au phénomène. De même, dans les régions tropicales où les couches atmosphériques sont plus homogènes, on observe plus de scintillation pour les étoiles dont la hauteur au-dessus de l'horizon dépasse 15°, ou le sixième de la distance de l'horizon au zénith. « Cette circonstance, dit Humboldt, donne à la voûte céleste de ces contrées un caractère particulier de calme et de douceur. »

Quant aux planètes, elles scintillent peu ou

point[1]; il est rare qu'on observe des traces de ce phénomène dans Saturne et dans Jupiter, mais il est plus sensible pour Mars, et souvent assez marqué dans Vénus et surtout dans Mercure. Arago fait observer que la scintillation des planètes, si l'on s'en rapporte aux descriptions des astronomes, différerait de celle des étoiles en un point important : elle serait un simple changement d'intensité, que n'accompagne aucune variation de couleur. Cette différence dans l'intensité et dans la nature du phénomène peut suffire, dans nos climats, pour donner un premier moyen de distinguer une planète d'une étoile, lorsqu'on n'est pas très-familier avec la configuration des groupes célestes.

§ 2. — Apparente fixité des étoiles.

Un autre caractère spécifique des étoiles, c'est que leurs diamètres sont sans dimensions appréciables. A l'œil nu, cette distinction serait insuffisante, puisque, la Lune et le Soleil exceptés, les planètes les plus considérables n'ont pas non plus de diamètre sensible. Mais, tandis que le grossis-

1. D'après la théorie d'Arago, l'absence ou la faiblesse de la scintillation dans les planètes est due à la grandeur de leur disque apparent : il se produit, sur le champ sensible de ce disque, une compensation provenant du mélange des rayons colorés; le contour seul, où ce mélange n'a pas lieu, doit offrir des traces de variation de couleur et d'éclat. Cependant, il y a là une difficulté que la théorie ne nous semble pas résoudre, puisque ce sont les planètes dont le diamètre apparent est le plus faible, qui devraient être les moins scintillantes, ce qui n'est pas. L'intensité de la lumière entre sans doute pour une part plus grande dans le phénomène.

sement des instruments d'optique nous montre les planètes principales sous la forme de disques nettement terminés, les lunettes les plus puissantes ne font jamais voir une étoile que comme un point lumineux, dont les dimensions sont d'autant plus faibles que le grossissement est plus fort et l'instrument plus parfait. La distance qui nous sépare de ces astres est si grande, qu'il n'y a pas lieu de nous étonner d'un tel résultat. Wollaston affirmait que le diamètre apparent de la plus brillante étoile du ciel, de Sirius, ne vaut pas la cinquantième partie d'une seconde d'arc. Hâtons-nous de dire que ce résultat laisserait encore une belle marge aux dimensions réelles de cette étoile, puisqu'à la distance où elle se trouve de nous, un diamètre apparent aussi petit représenterait néanmoins un diamètre réel de 6 750 000 lieues : c'est encore près de 20 fois le diamètre de notre Soleil. Nous reviendrons plus loin sur ce point.

Mais il faut ajouter que l'absence de dimensions apparentes appréciables ne suffirait pas pour distinguer absolument les étoiles des planètes, puisque le plus grand nombre de celles-ci n'apparaissent dans les télescopes que comme de simples points lumineux. Arrivons donc au caractère spécifique permanent, dont la constatation empêchera toujours de confondre une étoile avec l'un des astres qui font partie de notre groupe solaire. Ce caractère, le voici :

Les étoiles proprement dites conservent entre elles, à très-peu de chose près, leurs distances relatives. Elles forment donc sur la voûte céleste, des groupes apparents d'une configuration presque invariable : il faut des années, quelquefois des siècles, pour constater leur changement de position, et encore n'est-ce qu'à l'aide de mesures extrêmement délicates. Une planète au contraire se déplace rapidement en traversant ces groupes, au point que, dans l'intervalle d'une nuit, ce déplacement est très-sensible, et qu'à la longue, il lui fait parcourir un grand cercle entier de la sphère. On peut donc considérer les étoiles comme immobiles, au moins en apparence. De là, leur ancienne dénomination d'*étoiles fixes*, par opposition aux étoiles *errantes* ou *planètes*. Il faut toutefois se garder de donner à cette dénomination de *fixes* une rigueur absolue qu'elle n'a pas, et l'on verra bientôt que les étoiles se meuvent réellement avec une rapidité qui ne le cède en rien à celle qui anime les astres de notre système. L'immense éloignement est seul cause de cette immobilité apparente, qui n'existe plus, dès que des observations précises embrassent un intervalle de temps suffisant.

§ 3. — Classification des étoiles par ordre de grandeur.

Un fait qui frappe tout le monde, c'est la grande diversité d'éclat des étoiles qui parsèment le ciel. On y remarque tous les degrés d'intensité, depuis la lumière éblouissante de Sirius, jusqu'à la lumière à peine perceptible des dernières étoiles visibles à l'œil nu. D'où vient cette différence d'éclat? C'est ce qu'on ne saurait dire avec certitude d'aucune étoile en particulier; en effet, il est facile de comprendre qu'elle peut résulter de circonstances multiples, telles que le plus ou moins grand éloignement, les dimensions réelles et variées des astres, enfin l'éclat intrinsèque de la lumière propre à chacun d'eux. Quoi qu'il en soit, les astronomes, sans se préoccuper d'abord des causes inconnues qui peuvent influer sur l'intensité de la lumière stellaire, ont partagé les étoiles en classes ou *grandeurs*. Quand on parle d'une étoile de *première*, de *seconde*... de *cinquième grandeur*, il est donc bien entendu que cette façon de parler est tout entière relative à l'intensité apparente, et qu'il n'en faut rien préjuger, ni sur les dimensions réelles de l'astre, ni sur sa distance, ni même sur son éclat intrinsèque [1].

D'ailleurs, comme les étoiles rangées par ordre d'éclat formeraient une progression décroissant par degrés insensibles, les classes adoptées sont toutes de convention et dès lors arbitraires. Les six premières grandeurs comprennent toutes les étoiles visibles à l'œil nu. Mais l'emploi des télescopes les plus puissants permet aujourd'hui d'apercevoir des étoiles d'un éclat beaucoup plus faible, et qui peut descendre jusqu'à la 18e grandeur [2]. En vérité, la progression n'a pas de limite inférieure ; elle s'étend de plus en plus, à mesure que les progrès de l'optique augmentent le pouvoir de pénétration des instruments.

Pour se faire une idée des intensités lumineuses

1. Ce que nous disons ici d'une étoile particulière n'est plus vrai rigoureusement, quand on considère l'ensemble des étoiles d'un même ordre. On verra plus loin que le calcul des probabilités permet, dans ce cas, de déduire de l'éclat des étoiles d'une certaine grandeur des conséquences sur leur distance moyenne.

2. On trouve, dans les observations faites avec des instruments d'une grande puissance, des étoiles si petites qu'elles sont évaluées à la 20e grandeur.

respectives des étoiles des six premiers ordres de grandeur, suivant l'échelle adoptée par les astronomes, on n'a qu'à jeter les yeux sur la figure 1, où les étoiles sont figurées par des disques dont la surface est en raison de leur éclat. Mais, je le répète, il ne faut pas croire que les étoiles rangées dans une même classe soient toutes pour cela de même intensité. C'est ainsi, on va le voir, que la lumière de Sirius vaut quatre fois au moins celle de l'étoile Alpha de la constellation du Centaure; et cependant, l'une et l'autre sont mises par les astronomes au nombre des étoiles de première grandeur. Aussi, s'est-on trouvé dans l'obligation d'adopter des classes intermédiaires, qu'on distingue par les numéros d'ordre des classes voisines principales.

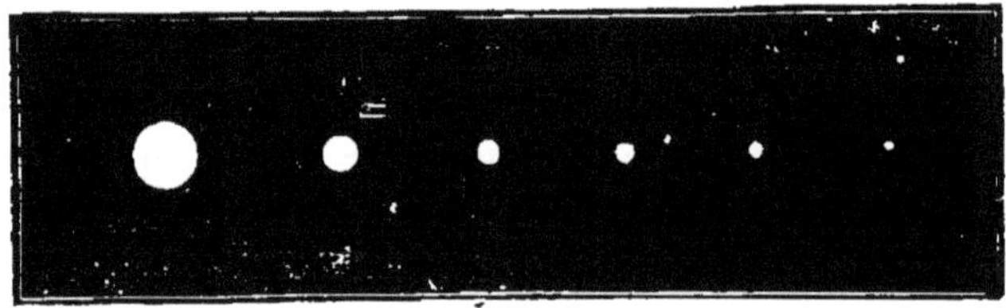

Fig. 1. — Éclat relatif des étoiles types des six premières grandeurs (les surfaces des disques étant proportionnelles aux intensités).

Ainsi entre la 1re et la 2me grandeur, il y a les étoiles de 1.2 et de 2.1 grandeur; entre la 2me et la 3me, celles de 2.3 et de 3.2, etc. [1]. Voici les noms des

1. C'est à cette série qu'on donne le nom d'*échelle vulgaire*, qui comprend ainsi trois degrés pour chaque ordre de grandeur, à l'exception du 1er ordre, lequel n'a que deux degrés (pour la régularité nous proposerions d'y joindre 1.0 renfermant les étoiles de première grandeur les plus brillantes). Sir J. Herschel, ayant fait, à l'astromètre, des mesures comparatives d'intensité des étoiles des diverses

vingt et une étoiles les plus brillantes des deux hémisphères, qu'on a coutume de considérer comme formant la première classe : elles sont ici rangées par ordre d'éclat :

1 Sirius.
2 Èta (η) d'Argo [1].
3 Canopus.
4 Alpha (α) du Centaure.
5 Arcturus.
6 Rigel.
7 La Chèvre.
8 Wéga.
9 Procyon.
10 Bételgeuze [2].
11 Achernar.
12 Aldébaran.
13 Bêta (β) du Centaure.
14 Alpha (α) de la Croix.
15 Antarès.
16 Ataïr.
17 L'Épi de la Vierge.
18 Fomalhaut.
19 Bêta (β) de la Croix.
20 Régulus.
21 Pollux.

grandeurs, exprima les grandeurs décroissantes par les nombres ordinaires suivis d'une partie décimale. En procédant ainsi, il reconnut qu'en additionnant la partie décimale constante 0.414 à tous les nombres de la série, les intensités correspondant aux grandeurs successives 1re, 2e, 3e, etc., seraient précisément celles que prendrait la lumière d'une étoile de premier ordre (l'étoile α du Centaure étant choisie comme unité ou étoile normale de première grandeur), dans l'hypothèse où cette étoile s'éloignerait aux distances 1, 2, 3, etc. La nouvelle échelle ainsi obtenue est ce que l'on nomme l'*échelle photométrique* des grandeurs, d'ailleurs peu différente de l'échelle vulgaire. Le Dr Galle fait ressortir en ces termes l'avantage de l'échelle photométrique : « Si l'on élève au carré, dit-il, le nombre qui représente la grandeur photométrique d'une étoile, on obtient l'inverse du rapport de la quantité de lumière à celle de α du Centaure. Par exemple, κ d'Orion ayant 3 pour grandeur photométrique, émet 9 fois moins de lumière que α du Centaure; et en même temps ce nombre 3 indique que κ d'Orion doit être 3 fois plus éloigné de nous que α du Centaure, si ces deux étoiles sont des astres d'égale grandeur linéaire et d'égal éclat. »

1. On verra plus loin que l'éclat de cette étoile a subi d'étonnantes transformations; elle est descendue récemment à la sixième grandeur.

2. L'éclat de cette étoile est variable.

§ 4. — Photométrie stellaire.

La classification des étoiles par ordre de grandeur suffit aux besoins ordinaires de la science, c'est-à-dire à la distinction et à la désignation de telle ou telle étoile observée. On s'en est longtemps contenté. Il n'en est plus de même, si l'on veut aborder certains problèmes relatifs à l'état physique des astres, par exemple à la variabilité de leur lumière. En ce cas, il serait très-important d'avoir des moyens rigoureux d'évaluation de l'intensité lumineuse de chaque étoile, à une époque donnée. L'échelle photométrique de sir J. Herschel, dont il est question dans la note de la page 18, répond en partie à cet objet. Arago a donné une méthode et commencé des expériences dans le même but; un physicien contemporain, M. Seidel, a également étudié cette question de photométrie stellaire, et tout récemment un savant français, M. Trépied, a repris la méthode d'Arago, en cherchant à tenir compte des circonstances atmosphériques, de la hauteur des étoiles observées, etc. C'est une étude aussi délicate et difficile qu'elle est importante.

Ce n'est pas ici le lieu d'entrer dans des détails sur ces diverses méthodes; nous ne ferons que mentionner quelques-uns des résultats obtenus, en faisant remarquer seulement qu'ils sont loin d'être aussi concordants qu'il serait désirable.

Voici quelques nombres relatifs aux étoiles de première grandeur :

NOMS DES ÉTOILES.	GRANDEURS		INTENSITÉS COMPARÉES.			
	Vulgaires.	Photométriques.	J. Herschel.	Laugier.	Trépied.	Seidel.
Sirius (α Gd Chien). .	0.08	0.49	4.052	1000	1000	513
Canopus (α Navire. .	0.29	0.70	1.994	»	»	»
α Centaure.	0.59	1.00	1.000	»	»	»
Arcturus (α Bouvier).	0.77	1.18	0.726	»	»	84
Rigel (β Orion). . . .	0.82	1.23	0.654	439	752	130
La Chèvre (α Cocher).	1.00	1.41	»	»	»	83
Wéga (α Lyre). . . .	1.00	1.41	0.446	617	»	100
Procyon (α Pt Chien .	1.00	1.41	0.520	445	372	71
Bételgeuse (α Orion .	1.00	1.41	0.484	411	370	»
Achernar (α Éridan) .	1.09	1.50	0.441	»	»	»
Aldébaran (α Taureau)	1.10	1.50	»	220	222	36
β Centaure.	1.17	1.58	0.399	»	»	»
α Croix du Sud.. . .	1.20	1.60	0.377	»	»	»
Antarès (α Scorpion).	1.20	1.60	0.404	»	»	»
Ataïr (α Aigle). . . .	1.28	1.69	0.350	450	»	40
L'Épi (α Vierge).. . .	1.38	1.79	0.309	310	»	49
Fomalhaut α(Poissons)	1.54	1.95	0.262	»	»	»
β Croix du Sud.. . .	1.57	1.98	0.255	»	»	»
Régulus (α Lion). . .	1.60	2.00	»	»	»	34
Pollux (β Gémeaux) .	1.60	2.00	»	»	»	30

Voiçi encore, d'après Steinheil et sir J. Herschel, les intensités lumineuses des étoiles types de chaque grandeur :

	Steinheil.	J. Herschel.
Première grandeur	1819 ou 1000	1000
2e —	642 — 353	344
3e —	227 — 125	172
4e —	80 — 44	102
5e —	28 — 15	68
6e —	10 — 6	48

§ 5. — Nombre des étoiles visibles à l'œil nu.

A mesure qu'on descend l'échelle des intensités ou des grandeurs, le nombre des étoiles contenues dans chaque classe va en croissant rapidement. Nous avons noté seulement 21 étoiles de première grandeur ; on évaluait récemment encore à 65 le nombre d'étoiles de tout le ciel, comprises dans la seconde ; à 200 environ, celles de la troisième ; à 425, le nombre des étoiles de quatrième grandeur ; à 1100, celles de cinquième, et à 3200, celles de sixième grandeur. En faisant la somme de tous ces nombres, on trouverait un peu plus de 5000 étoiles pour les six premières grandeurs, comprenant à peu près toutes celles qu'on peut apercevoir à l'œil nu. On verra bientôt qu'un relevé plus minutieux a notablement agrandi cette énumération ; mais le total est ou paraît très-faible. Sa petitesse étonne généralement les personnes qui n'ont point cherché à se rendre un compte exact de la quantité d'étoiles qui brillent sur la voûte céleste pendant les plus belles nuits. A l'aspect de cette multitude de points étincelants qui parsèment le ciel, qui ne se sent disposé à croire qu'ils sont innombrables, qu'ils se comptent, sinon par millions, du moins par centaines de mille ? C'est là cependant une véritable illusion. Tous les observateurs qui se sont donné la peine de faire un dénombrement exact des étoiles perceptibles à l'œil nu, ont compté en moyenne, 3000 et 4000 étoiles au maximum, dans toute la partie de la voûte céleste qu'on peut apercevoir au même instant. Or, cette portion n'est jamais que la moitié du ciel entier. Sans entreprendre une vérification aussi laborieuse, on peut s'assurer à peu près de l'exactitude de l'évaluation dont il s'agit, en se bornant à compter les étoiles qu'on parvient à distinguer à l'œil nu, dans une région limitée du ciel, par exemple dans l'un des trapèzes formés par les étoiles principales d'Orion, du Lion, de Pégase ou de la Grande-Ourse. Nous avons donné, dans notre ouvrage LE CIEL, une série de tableaux qui peuvent servir à reconnaître les constellations célestes, le ciel étoilé tout entier, avec des étoiles des six premiers ordres de grandeur. On pourra, à l'aide de ces vues du ciel, faire la vérification dont nous venons de parler.

Argelander a publié un catalogue exact des étoiles visibles sur l'horizon de Berlin, pendant le cours d'une année. Ce catalogue comprend 3256 étoiles dont voici la distribution selon l'ordre des grandeurs :

1re grandeur	14
2e —	51
3e —	153
4e —	325
5e —	810
6e —	1871

Il y a, en outre, 13 étoiles variables, 15 amas et 4 nébuleuses. D'après Humboldt, il y a 4146 étoiles visibles sur l'horizon de Paris, dans tout le cours de l'année, et, comme ce nombre va croissant à mesure qu'on s'approche de l'équateur, c'est-à-dire à mesure que le double mouvement de la Terre permet de découvrir, en une année, une portion plus étendue du ciel, on trouve déjà 4638 étoiles visibles à l'œil nu, sur l'horizon d'Alexandrie (Basse-Égypte). L'évaluation d'Argelander étendue au ciel entier donnerait donc un nombre approché de 5000 étoiles. Mais un nouveau recensement des étoiles visibles à l'œil nu a été repris, depuis Argelander, par un savant dont la vue pénétrante dépasse certainement la moyenne des vues ordinaires [1]. M. E. Heis, l'auteur de ce travail, y a consacré 27 années et a obtenu le résultat que nous consignons ici :

	Nombre des étoiles de chaque grandeur.					
	1re	2e	3e	4e	5e	6e
Constellations boréales. .	»	12	32	44	218	962
— moyennes.	7	17	43	137	306	1645
— australes .	6	19	77	132	330	1367
Totaux . .	13	48	152	313	854	3974

En tout, 5354 étoiles auxquelles il faut ajouter 41 étoiles variables, 19 amas d'étoiles et 7 nébuleuses, également visibles à l'œil nu, ce qui fait, en définitive, un nombre de 5421 objets célestes distincts, visibles sur l'horizon de Münster, qui est à peu près celui de Berlin.

1. « Quant à ma vue, dit M. Heis, elle est perçante et bonne : les étoiles ne m'apparaissent pas, comme beaucoup d'observateurs l'ont rapporté, entourés de rayons, mais comme des points lumineux. Je distingue sans difficulté des étoiles très-voisines. Je vois facilement doubles σ du Capricorne et ω du Scorpion ; ε de la Lyre m'apparaît double quand le ciel est serein. Outre les six étoiles généralement visibles dans les Pléïades, j'y vois les étoiles 28, 26, 18 de Flamsteed, et 1170 B. A. C. »

Fig. 2. — Grand télescope de l'Observatoire de Paris

En comparant les nombres du Dr Heis avec ceux d'Argelander, on voit qu'ils sont à peu près les mêmes, comme cela devait être, pour les cinq premières grandeurs; c'est en arrivant à la dernière que la différence devient tout à coup considérable, puisqu'elle s'élève à 2103 étoiles. Ce sont principalement des étoiles comprises entre la 6e et la 7e grandeur.

En ne considérant que l'hémisphère céleste boréal, M. Heis trouve 3968 étoiles, de sorte que, en supposant qu'il y en eût un pareil nombre dans l'hémisphère austral, on aurait 7936 ou, en nombre rond, 8000 étoiles visibles à l'œil nu dans le ciel entier. Mais cette hypothèse de l'égalité des deux hémisphères, sous le rapport de leur richesse sidérale, ne paraît point exacte. Le Dr Gould a recensé les étoiles visibles à l'œil nu dans l'hémisphère austral, et le catalogue qu'il a publié sous le nom d'*Uranometria argentina*, ne renferme pas moins de 6400 étoiles des 6 à 7 premiers ordres de grandeur, entre l'équateur et le pôle sud. Il évalue à 11000 les nombre total pour les deux hémisphères. Le premier de ces nombres, ajouté à celui du Dr Heis, ferait en effet 10368 étoiles. Il reste à savoir si cette supériorité du ciel austral tient à la pureté de l'atmosphère de Cordoba, où le Dr Gould observait, à la pénétration de sa vue, ou bien à une densité stellaire particulière aux régions célestes explorées.

Quoi qu'il en soit, l'ancienne évaluation qui donnait un nombre maximum compris entre 5000 et 6000 étoiles environ pour le ciel entier, doit être rectifiée : c'est de 10000 à 11000 qu'il faut dire.

Mais il ne faut pas oublier qu'il s'agit là des vues de personnes habituées aux observations astronomiques, et effectuant une telle révision par les nuits les plus pures. Quand l'atmosphère est éclairée par la Lune, le crépuscule, ou, comme il arrive dans les grands centres de population, par l'illumination des maisons et des rues, les dernières grandeurs s'effacent, et le nombre des étoiles visibles est beaucoup plus limité. Du reste, plus la scintillation est vive, plus il est facile de distinguer les très-faibles étoiles.

Sans l'illumination atmosphérique, les étoiles seraient visibles en plein jour, ainsi que cela doit arriver à la surface de la Lune, dont l'atmosphère, si elle existe, est d'une rareté extrême. La visibilité des étoiles en plein jour, à l'aide des télescopes, constatée pour la première fois en 1638 par Morin, a eu pour effet d'accroître considérablement la possibilité et le nombre des observations astronomiques ; cette visibilité s'explique fort bien, ainsi qu'Arago l'a démontré, par l'affaiblissement de la lumière des particules atmosphériques résultant du grossissement lui-même, et par l'accroissement d'intensité du point lumineux provenant de la concentration de toute la lumière que reçoit l'objectif. A l'œil nu, l'éclat de l'étoile est éteint par celui du champ atmosphérique qui l'entoure ; dans une lunette, l'image de l'étoile prédomine assez sur celle de l'atmosphère pour être perceptible. Pour donner une idée de cette puissance des instruments d'optiques, rappelons que divers astronomes, Struve, Wrangel, Encke ont observé, en plein jour, l'étoile de 9me grandeur qui est un satellite de la polaire.

Quant à la possibilité de voir de jour les étoiles les plus brillantes sans lunettes, elle est attestée par nombre de témoignages, depuis Aristote jusqu'à Saussure ; mais des observateurs comme Humboldt, n'ont pu y réussir. Cela n'est possible, d'ailleurs, qu'au fond des puits de mines, ou sur le sommet des très-hautes montagnes.

Le dénombrement exact des étoiles visibles à l'œil nu est d'une date toute récente ; on n'avait autrefois que des notions vagues à cet égard, et les appréciations des auteurs étaient très-divergentes. Il faut d'ailleurs distinguer ce dénombrement, des chiffres que donnent les divers catalogues d'étoiles, antérieurs à l'invention des lunettes.

Le plus ancien de ces catalogues est celui d'Hipparque, qui donna la position de 1022 étoiles (125 ans avant notre ère). Comme le célèbre astronome observait à Alexandrie, où les étoiles visibles à l'œil nu dépassent certainement 4500, on peut regarder comme évident qu'il avait négligé, outre presque toutes les étoiles de 6me grandeur, la plus grande partie de celles de 5me. Au reste, cataloguer 1022 étoiles, c'est-à-dire déterminer leur grandeur, leurs positions dans les constellations, fixer leurs coordonnées en ascension droite et en déclinaison, paraissait alors et était en effet, en raison des moyens d'observation, une entreprise difficile, considérable, « *rem etiam Deo improbam* » (chose difficile même pour un Dieu), disait Pline. Ptolémée ajouta 4 étoiles seulement au catalogue d'Hipparque, ce qui le porta à 1026 : sur lesquelles se trouvaient seulement 49 étoiles de 6me grandeur. Ce nombre ne fut guère augmenté jusqu'à l'époque de l'invention des lunettes, et Képler portait à peine 1400 étoiles dans son catalogue. Voici comment il les classait :

Première grandeur	15
2e	58
3e	218
4e	494
5e	354
6e	240
Obscures et nébuleuses	13
Total	1392 étoiles.

Mais dès que les lunettes eurent permis de perfectionner les procédés de mesure des positions célestes, et agrandi le champ de l'observation, le nombre des étoiles cataloguées s'accrut rapidement. Nous ne pouvons citer tous les recueils et atlas d'étoiles ainsi recensées. Citons seulement les noms de quelques-uns des plus célèbres, ceux de Lacaille, de Bradley, de Flamsteed, de Lalande pour le siècle dernier ; ceux de Bessel, d'Argelander, de Weisse, de Brisbane, etc., pour le siècle actuel. L'*Histoire céleste française* de Lalande ne renfermait pas moins de 47390 étoiles ; les Zones de Bessel avec les additions d'Argelander, en contiennent près de 100000. C'est Halley et l'astronome français Lacaille qui ont exploré les premiers les richesses du ciel austral, recensé dans notre siècle par Henderson, Johnson, Maclear, Gould, etc.

Fig. 3. — Un coin de la constellation des Gémeaux vu à l'œil nu.

§ 6. — Nombre des étoiles visibles dans les télescopes.

Un mot maintenant du nombre des étoiles qu'on ne peut apercevoir sans le secours du télescope. Là nous allons retrouver ces nombres prodigieux de points lumineux que notre imagination nous fait voir, à tort, à la vue simple.

Nous laisserons de côté les évaluations arbitraires, celle de Riccioli, par exemple, qui prétendait que si quelqu'un portait le nombre des étoiles existantes

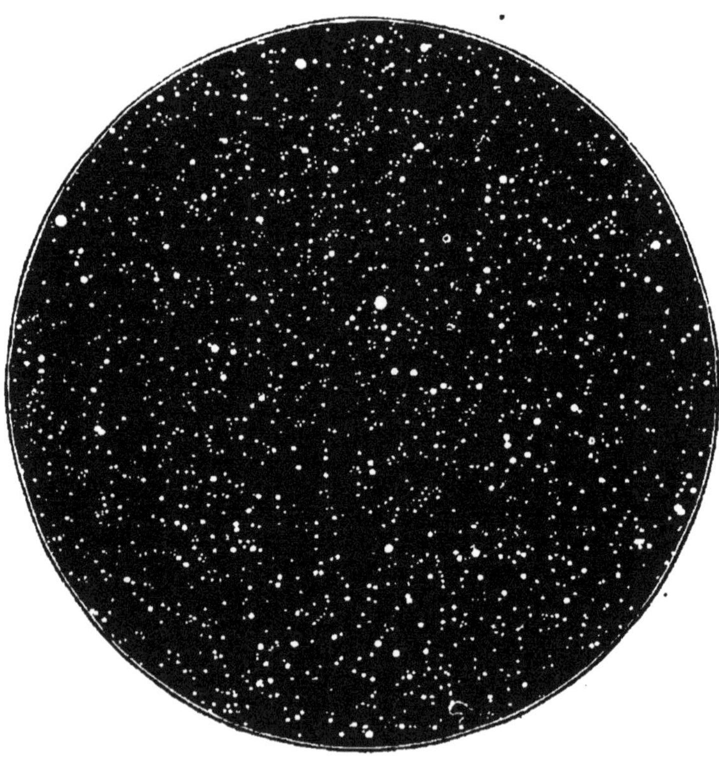

Fig. 4. — Même coin de la constellation des Gémeaux vu au télescope. Reproduction, sur une petite échelle, d'un fragment d'une des cartes de l'Atlas écliptique dressé par J. Chacornac.

à 20000 fois 20000 (soit 400 millions) il n'avancerait rien là que de probable. C'est une assertion qui n'est basée sur aucun calcul, sur aucune observation.

Selon l'illustre directeur de l'Observatoire de Bonn, Argelander, la septième grandeur comprend à peu près 13 000 étoiles, la huitième 40 000, la neuvième enfin 142 000. Les évaluations de Struve portent à plus de 20 millions le nombre total des étoiles visibles dans le ciel entier à l'aide du télescope de 20 pieds construit par William Herschel. Mais sans aucun doute, ces nombres approximatifs sont bien au-dessous de leur valeur réelle [1]. On verra, d'ailleurs, que la richesse en étoiles des diverses parties du ciel est fort inégale. La grande zone brillante connue sous le nom de Voie Lactée, à elle seule, en contient, suivant Herschel, dix-huit millions.

Rien n'est plus curieux que d'examiner, d'abord à l'œil nu, puis à l'aide d'une lunette, un même champ de la surface du ciel. Là, où l'œil distingue à peine quelques rares étoiles, le télescope en montre successivement des milliers. Les deux dessins ci-dessus (fig. 3 et 4) permettront à ceux de nos lecteurs qui n'ont pas en leur possession de lunette un peu puissante, de juger de la surprise qu'on éprouve à faire cette expérience [2]. Ces des-

1. M. Chacornac considère cette évaluation comme bien inférieure à celle des étoiles comprises entre la première et la treizième grandeur : « Pour ma part, nous écrivait-il, d'après les jauges de sir W. Herschel et celle des cartes écliptiques, j'évalue à 77 millions le nombre des étoiles comprises dans les treize premiers ordres de grandeur, si l'on prend la moyenne indiquée dans la préface du catalogue des zones de Bessel réduites par Weiss. » Que serait-ce, si l'on pouvait joindre à ces énumérations, déjà si prodigieuses, toutes les étoiles des ordres inférieurs au treizième, ainsi que celles qui forment les amas stellaires et les milliers de nébuleuses résolubles aujourd'hui connues !

2. Pourvu, toutefois, qu'ils n'oublient pas que cette mul-

sins représentent le même coin de la constellation des Gémeaux (dans un carré de 5 degrés de côté). L'œil nu permet d'y compter sept étoiles. Or, le même espace céleste, vu à l'aide d'un télescope de 27 centimètres d'ouverture, ne renferme pas moins de 3205 étoiles, depuis la troisième jusqu'à la treizième grandeur. C'est un véritable fourmillement de points lumineux. Que serait-ce donc, répétons-le, si, appliquant à la même région les instruments beaucoup plus puissants encore, dont la science peut actuellement disposer, l'œil y découvrait à des profondeurs pour ainsi dire infinies, toutes les étoiles des ordres inférieurs?

tiplication ne peut se constater d'un seul coup; plus, en effet, l'instrument employé est puissant, et augmente le nombre des étoiles, plus en un mot le grossissement est considérable, plus aussi se trouve diminué le champ, ou l'espace céleste embrassé par l'œil à la fois.

CHAPITRE II

LES CONSTELLATIONS

---

§ 1. — Origine et histoire des constellations.

Aussi loin qu'on remonte dans l'antiquité, on trouve des traces de la coutume qui consiste à partager la surface du ciel en groupes, caractérisés chacun par quelques étoiles plus brillantes que les autres, et reconnaissables aux figures que ces étoiles forment entre elles. La constance de leurs positions relatives qui n'altère pas ces figures, ou du moins qui ne les change sensiblement qu'après une longue suite de siècles, a été cause que les groupes ainsi formés se sont perpétués jusqu'à nous avec les noms que leur donnèrent les premiers observateurs.

A quelle date remontent ainsi les plus anciennes constellations connues, et quels sont ceux qui les ont nommées? Il est difficile, sinon impossible, de répondre à cette question. On trouve dans l'Iliade, la mention de plusieurs des constellations grecques. Homère, décrivant le fameux bouclier que Vulcain fabrique pour Achille, dit « qu'il représente tous les signes dont le ciel est couronné : les Pléïades, les Hyades, le robuste Orion, l'Ourse que l'on appelle aussi le Chariot, qui tourne aux mêmes lieux en regardant Orion, et, seule, n'a point de part aux bains de l'Océan ». Les Chaldéens, les Tyriens connaissaient probablement les mêmes constellations. Les Hébreux, si ignorants en astronomie, les nomment dans leurs livres sacrés. La Bible (livre de Job) mentionne Orion, Arcturus, les Hyades, le Dragon, mais on ne sait si ces noms étaient bien ceux des Grecs, comme la version des Septante le ferait croire. En résumé, ce qu'a dit Virgile sur l'origine des constellations, dans le premier livre des Géorgiques [1], est encore ce qu'il y a de plus probable : sans doute ce sont les marins qui les premiers ont dû sentir le besoin de distinguer, d'énumérer et de nommer les étoiles.

Au temps d'Hipparque et de Ptolémée, les astronomes comptaient seulement 48 constellations. 12 embrassaient le zodiaque, c'est-à-dire la zone, située de part et d'autre de l'écliptique, qui contient la route apparente suivie par le soleil et les planètes; 21 constellations se trouvaient dans le ciel boréal, et les 15 autres comprenaient les étoiles de l'hémisphère austral visibles sur l'horizon d'Alexandrie. Presque toutes avaient des noms d'hommes ou d'animaux, dont on dessinait la figure sur la région céleste qu'elles occupaient. La tradition a conservé à ces

1. « Navita tum stellis numeros et nomina fecit,
Pleïadas, Hyadas, claramque Lycaonis Arcton. »

Alors le nautonnier compta les étoiles, et leur donna des noms; telles les Pléïades, les Hyades et l'Ourse, étincelante fille de Lycaon.

dessins, qui la plupart n'avaient aucun rapport avec l'aspect des étoiles, des positions à peu près invariables ; et les étoiles les plus remarquables reçurent assez souvent un nom en rapport avec la position qu'elles occupaient sur la figure tracée. C'est ainsi qu'on a dit et qu'on dit encore : l'épaule droite, le genou d'Orion, l'œil du Taureau, le cœur du Lion, du Scorpion, de l'Hydre, la bouche du Poisson austral, etc. D'autres noms, les uns grecs ou latins, les autres en assez grand nombre d'origine arabe, sont également usités pour la dénomination d'un certain nombre d'étoiles remarquables.

Longtemps, ce nombre de 48 constellations ne fut point augmenté ; et comme les figures des groupes, ne s'emboîtant pas exactement les unes les autres, laissaient entre elles des vides, les astronomes appelaient étoiles *informes* (ἀμόρφωτοι) les étoiles contenues dans ces vides. Les modernes, depuis Tycho-Brahé, ont comblé ces lacunes en créant des constellations nouvelles. D'autre part, la découverte du ciel austral rendit nécessaire l'augmentation de ce nombre, de sorte qu'aujourd'hui, en faisant le compte complet de ces groupes et de leurs subdivisions, on arrive au nombre total de 117 constellations ou astérismes [1]. Beaucoup de ces dénominations ne

1. 48 constellations ou groupes sont exclusivement situées dans l'hémisphère boréal ; 54, dans l'hémisphère austral, et 15 sont situées à la fois sur les deux hémisphères. En voici la liste :

Noms des 48 constellations boréales.

Petite Ourse	Persée
Dragon	*Tête de Méduse*
Céphée	Cocher
Cassiopée	*Chevreaux*

sont plus guère usitées, et ne méritent guère de l'être ; s'il est commode de distinguer les diverses régions du ciel, d'ailleurs nettement limitées, par

Renne	*Télescope d'Herschel*
Messier	Lynx
Girafe	Petit lion
Grande Ourse	Chevelure de Bérénice
Lévriers	*Mont Ménale*
Cœur de Charles	Taureau de Poniatowski
Bouvier	Aigle
Quart de cercle mural	Flèche
Couronne boréale	Renard et oie
Hercule	Dauphin
Massue	Petit cheval
Rameau	Pégase
Lyre	Bélier
Cygne	Taureau
Lézard	*Pléïades*
Honneurs de Frédéric	*Hyades*
Andromède	Gémeaux
Triangle	Petit chien
Petit Triangle	Cancer
Mouche	Deux ânes et Prœsepe

Noms des 15 constellations moyennes.

Vierge	Hydre femelle
Balance	Verseau
Serpent	Baleine
Ophiucus	*Harpe de Georges*
Antinoüs	Orion
Verseau	Licorne
Poissons	Sextant
Baleine	Lion
Eridan	

Noms des 54 constellations australes.

Octant	Microscope
Caméléon	Grue
Mouche australe	Phénix
Oiseau de paradis	Horloge
Paon	Burin
Indien	Colombe
Toucan	Lièvre
Petit nuage	Grand chien

Fig. 5. — Grande lunette méridienne de l'Observatoire de Paris. Mesure des ascensions droites et des déclinaisons.

des noms spéciaux, il devient fastidieux de multiplier ces divisions arbitraires.

On sait que, dans chaque constellation, quelques-unes des étoiles les plus remarquables ont reçu des noms particuliers, et nous avons donné ceux des 20 étoiles de première grandeur. Nous compléterons cette nomenclature en décrivant chaque constellation en particulier. Ajoutons qu'outre les noms, ou à défaut d'une dénomination spéciale, les étoiles ont encore des lettres caractéristiques, ou des numéros d'ordre. Ces lettres sont celles de l'alphabet grec et de l'alphabet romain, pour les étoiles des premiers ordres de grandeur. Bien que l'ordre de la grandeur ne soit pas rigoureusement l'ordre alphabétique, il en approche cependant ; en tout cas, α β, γ, δ sont presque toujours les lettres indiquant les quatre plus brillantes étoiles de chaque groupe,

Hydre mâle	*Atelier de Typographie*
Montagne de la Table	Boussole
Grand nuage	*Loch*
Réticule	*Chat*
Dorade	Machine pneumatique
Chevalet du peintre	Coupe
Poisson volant	Corbeau
Navire	Solitaire
Chêne de Charles II	Scorpion
Croix du sud	Écu de Sobieski
Centaure	Capricorne
Loup	*Aérostat*
Compas	Poisson austral
Triangle austral	Atelier de sculpteur
Équerre et règle	*Machine électrique*
Autel	Fourneau chimique.
Télescope	*Sceptre de Brandebourg*
Couronne australe	*Épée d'Orion*
Sagittaire	*Baudrier d'Orion.*

Les noms en *italiques* se rapportent à des subdivisions plutôt qu'à des constellations proprement dites.

à commencer par α. Ainsi α du Lion (ou Régulus), α du grand Chien (ou Sirius), α de la Lyre (ou Wéga) sont les plus brillantes étoiles du Lion, du grand Chien et de la Lyre. Quand les deux alphabets sont épuisés, on donne des numéros aux étoiles; mais alors, pour les distinguer sûrement, il faut y joindre l'indication du catalogue d'où ce numéro est tiré.

Au reste, dans tout cela, il ne s'agit que de moyens mnémoniques. Pour éviter toute incertitude, les astronomes inscrivent dans leurs catalogues les *coordonnées* de chaque étoile. Sans entrer, à cet égard, dans des détails qui demanderaient de trop longs développements et sortiraient du cadre de cet ouvrage, détails que nos lecteurs trouveront d'ailleurs dans tous les traités de cosmographie, nous rappellerons brièvement ce que sont ces coordonnées. Elles sont analogues aux longitudes et latitudes terrestres, qui fixent la position d'un point du globe terrestre relativement à l'équateur et à un premier méridien. Ainsi, l'*ascension droite* et la *déclinaison* d'une étoile sont les coordonnées relatives à l'équateur céleste et au grand cercle qui passe par les pôles célestes et le point équinoxial du printemps. La *longitude* et la *latitude*, qu'il faut bien se garder de confondre avec l'ascension droite et la déclinaison, sont des coordonnées analogues, mais relatives au plan et aux pôles de l'écliptique, la première étant comptée à partir de la même origine que les ascensions droites. Les unes et les autres s'expriment en degrés, minutes et secondes d'arc [1].

1. On compte aussi les ascensions droites en heures, minutes et secondes, à raison de 15° par heure. C'est en effet

§ 2. — Constellations visibles sur l'horizon de Paris. — Zone circompolaire boréale.

Avant d'étudier en eux-mêmes les phénomènes que présente le ciel étoilé, avant de pénétrer, comme nous allons le faire bientôt, au cœur de l'univers visible, pour en saisir la structure merveilleuse et en embrasser par la pensée la prodigieuse étendue, il est bon de se familiariser avec les groupes d'étoiles, tels qu'ils se présentent à l'œil d'un habitant de la Terre. Les mouvements propres dont les étoiles prétendues fixes sont douées s'effectuant, ainsi que nous l'avons dit plus haut, avec une extrême lenteur, il en résulte que les groupes artificiels ou *constellations* affectent pendant des siècles les mêmes figures. Une telle constance de forme, jointe à la différence d'éclat des étoiles principales, donne à chaque constellation ou astérisme un aspect caractéristique qui va nous permettre de nous débrouiller au milieu du chaos de tant de points lumineux.

Choisissons, pour faire cette révision du ciel, une station quelconque à la surface de la Terre, par exemple un point de l'horizon de Paris. Comme notre globe, en vertu du mouvement diurne, exécute en vingt-quatre heures environ une rotation entière autour de son axe, il en résulte que la portion de la voûte céleste visible dans une station quelconque,

à raison de 15° par heure sidérale que se fait le mouvement diurne, parallèlement à l'équateur céleste. La différence des heures d'ascension droite entre deux étoiles marque donc précisément le temps (sidéral) qui s'écoule entre les passages de ces deux étoiles au méridien d'un lieu quelconque.

défile entièrement devant les yeux du spectateur pendant le même temps. Il nous suffirait dès lors de vingt-quatre heures pour effectuer cette revue, si l'illumination de l'atmosphère n'effaçait les étoiles pendant le jour. Mais l'alternative du jour et de la nuit ne permet de voir qu'une portion des étoiles visibles en un lieu donné.

Heureusement, le mouvement de la Terre dans son orbite annuelle résout cette difficulté. En vertu de ce mouvement, chaque nuit vient nous montrer de nouvelles étoiles, tandis que d'autres d'abord visibles disparaissent. Dans le cours d'une année, la Terre présente ainsi successivement l'un quelconque de ses hémisphères obscurs à toutes les parties du ciel, à toutes celles du moins qui peuvent correspondre à l'horizon de l'observateur.

Enfin, il ne faut pas perdre de vue que, même dans cette hypothèse, toute une partie de la voûte céleste restera encore invisible. Il va suffire, pour s'en convaincre, de se rappeler quel est l'effet du mouvement diurne de rotation sur l'aspect du ciel en un lieu donné de la Terre, à Paris, je suppose. Un point situé à une certaine hauteur au-dessus de cet horizon, et au nord dans la direction du méridien, reste immobile. C'est l'un des pôles. Puis, autour de ce point, les étoiles semblent décrire, du levant au couchant, des cercles de plus en plus grands à mesure qu'elles sont plus éloignées du pôle. Tant que ces cercles ne vont pas atteindre l'horizon par leur arc inférieur, les étoiles ne se lèvent ni ne se couchent et restent constamment visibles : ce sont les étoiles *circompolaires*. Au delà, les cercles décrits plongent en partie au-dessous de l'horizon, grandissant jusqu'à un cercle limité qui est l'équateur. Puis, en s'éloignant encore, les étoiles décrivent des arcs de plus en plus courts, du côté du midi. Les dernières se lèvent à peine pour bientôt se coucher et disparaître. On conçoit donc qu'il reste toute une zone d'étoiles, lesquelles, n'émergeant jamais au-dessus de l'horizon de Paris, sont à jamais invisibles pour tous les lieux de la Terre qui ont cette même latitude. Ce sont les étoiles qui environnent le pôle méridional du ciel, et qu'un observateur découvrirait peu à peu, à mesure qu'il descendrait en s'approchant des régions équatoriales de la Terre [1].

Le ciel tout entier peut donc être considéré en chaque lieu, comme formé de trois zones : la première, toujours visible pendant la nuit, quel que soit le jour de l'année, la seconde visible en partie seulement, la troisième toujours invisible.

Passons successivement en revue ces trois zones.

Occupons-nous d'abord de celle qui est toujours en vue (quand le ciel est clair, bien entendu) pour

1. En vertu des deux mouvements de la Terre et de sa forme sphérique, la portion de la sphère céleste, visible en un lieu quelconque du globe, varie avec la latitude de ce lieu. A l'équateur, c'est le ciel tout entier, hémisphère boréal et hémisphère austral, qui défile devant l'observateur pendant les nuits d'une année entière. Les deux pôles sont couchés à l'horizon, dont ils marquent les points nord et sud; l'équateur céleste va de l'est à l'ouest en passant par le zénith. A mesure qu'on s'avance de l'équateur vers l'un ou l'autre des pôles, la portion du ciel visible diminue, tout en dépassant la moitié. Enfin, aux pôles mêmes, on ne voit plus qu'une seule moitié du ciel, boréale ou australe, suivant les pôles. L'équateur céleste coïncide avec l'horizon lui-même, et le pôle céleste est au zénith.

tous les points de la Terre qui ont même latitude septentrionale que Paris (48° 50′).

Il est minuit, je suppose. Nous sommes à la fin de l'automne, vers le 20 décembre, pendant la nuit du solstice d'hiver. Orientons-nous, et cela fait, tournons nos regards vers le côté nord du ciel. Concevons par la pensée un cercle qui, rasant l'horizon au nord même, vienne se terminer un peu au delà du zénith [1], le centre de ce cercle idéal se trouvera à peu près à égale distance du zénith et de l'horizon : c'est le pôle céleste septentrional. Très-voisine de ce point (à 1° 21′), se trouve une étoile assez brillante, de seconde grandeur : on la nomme la *Polaire.* Comme il est important de savoir retrouver cette étoile, dont la position reste à fort peu de chose près invariable dans tout le cours des nuits d'une année, j'indiquerai bientôt le moyen de la reconnaître.

Examinons, vers la droite (dans la figure 6), un groupe de sept étoiles de seconde grandeur. Il appartient à une constellation du ciel boréal connue depuis longtemps sous le nom de la GRANDE-OURSE. Arrêtons-nous un instant en ce point du ciel, d'où nous partirons tout à l'heure pour opérer tous les alignements utiles à notre revue du ciel étoilé. Les sept étoiles que nous avons sous les yeux peuvent se décomposer en deux groupes, dont le premier, à la partie supérieure, figure un quadrilatère qu'on nomme le *corps de l'Ourse*, tandis que les trois étoiles inférieures forment la *queue.* Les deux étoiles extrêmes du quadrilatère, α et β, se nom-

1. Le zénith est, comme on sait, le point du ciel situé verticalement au-dessus de la tête d'un observateur.

ment les *gardes*[1]. Six des sept étoiles principales de cette constellation sont à peu près égales en éclat, et de seconde grandeur. Mais il est aisé de reconnaître à l'œil nu, que l'étoile du corps de l'Ourse la plus voisine de la queue est inférieure aux autres : elle n'est plus guère aujourd'hui, en effet, que de quatrième grandeur, bien qu'au dix-septième siècle elle ne se distinguât point sous ce rapport de ses voisines. L'étoile ζ du milieu du *timon* est accompagnée, vers la gauche, d'une toute petite étoile nommée *Alcor*, assez facile à distinguer pour les vues moyennes[2]. L'œil nu peut apercevoir jusqu'à 138 étoiles dans la Grande-Ourse (d'après le catalogue d'Argelander ; celui d'Heis en marque 227), parmi lesquelles, indépendamment des 7 principales, vous remarquerez 9 étoiles de troisième grandeur, 4 de quatrième ; les autres forment les deux derniers ordres d'éclat perceptibles à la vue simple.

1. La Grande-Ourse se nomme aussi vulgairement le *Chariot de David*. Alors les étoiles du quadrilatère en sont les *quatre roues*, tandis que les trois autres forment le *timon*. Voici les noms arabes, qu'on n'emploie plus guère, de ces sept étoiles :

α Dubhé	ε Alioth
β Mérak	ζ Mizar
γ Phegda	η Benetnasch ou Ackaïr
δ Megrez	

Chose curieuse, il paraît que les Iroquois désignaient par le mot *Okouari*, c'est-à-dire l'Ours, la constellation de la Grande-Ourse et cela avant la découverte de l'Amérique.

2. Humboldt affirme n'avoir pu distinguer que rarement Alcor, à l'œil nu, sous le ciel d'Europe. Pour mon compte, je la vois sans difficulté et à toute époque, sous le ciel peu favorable de Paris. Les Arabes lui donnaient le nom de *Saïdak*, c'est-à-dire l'épreuve, parce que, dit Arago, ils s'en servaient pour éprouver la perte de la vue.

De la Grande-Ourse, revenons maintenant à l'étoile Polaire.

Prolongeons, pour cela, la ligne droite qui joint les Gardes, en nous approchant du centre de la portion du ciel qui est en vue. A une distance d'en-

Fig. 6. — Le ciel de l'horizon de Paris. — Constellations circompolaires boréales.

viron cinq fois l'intervalle qui sépare ces deux étoiles, nous trouverons la Polaire qui est aussi de seconde grandeur.

Nous savons que la Polaire (les marins disaient jadis la *Tramontane*) joue actuellement un grand rôle dans le ciel boréal, puisque, très-voisine du pôle, cette étoile est comme l'un des pivots de l'axe idéal autour duquel la Terre exécute sa rotation diurne. Il en résulte qu'elle semble immobile, en conservant à peu près [1] la même hauteur au-dessus d'un horizon quelconque, tandis que les autres étoiles décrivent autour d'elle des cercles d'inégale grandeur. Ainsi, la Grande-Ourse située d'abord à l'orient du pôle, à l'heure de minuit que nous avons choisie pour le début de notre inspection, va remonter vers le zénith à mesure que la nuit s'écoule. Vers six heures du matin, elle sera au-dessus de la Polaire, tandis qu'à six heures du soir, elle occupait une position diamétralement opposée, au-dessous du pôle et près de l'horizon. Comme toutes les étoiles participent à ce mouvement d'ensemble, il est clair que leurs positions relatives ne sont pas changées, de sorte que les figures des groupes restent toujours les mêmes. Je fais une fois pour toutes cette remarque importante et je continue.

A l'ouest de la Polaire, à la même hauteur au-dessus de l'horizon que la Grande-Ourse, et à peu près à la même distance du pôle, se trouve, à cette heure et à cette époque, un groupe de six étoiles dont deux sont de la seconde grandeur, deux de la troisième et deux de la quatrième : c'est la constellation de CASSIOPÉE, qui renferme 67 étoiles visibles à l'œil nu (126 suivant Heis). Les six étoiles dont nous venons de parler forment une sorte de chaise renversée dont la figure, une fois bien comprise, rend cette constellation aisée à reconnaître.

1. Actuellement, la différence des hauteurs méridiennes de la Polaire, s'élève au maximum à 2° 42′.

2. En tirant une ligne de l'étoile du milieu de la Grande-Ourse (la moins brillante des sept) à la Polaire, et en la prolongeant d'une distance à peu près égale, on tombe presque sur l'étoile β de Cassiopée.

Cassiopée est d'ailleurs toujours à l'opposé de la Grande-Ourse par rapport à la Polaire.

Entre la Grande-Ourse et Cassiopée, se trouve la Petite-Ourse, dont la Polaire, α, est l'étoile la plus brillante. Sur les 17 étoiles visibles à l'œil nu qui la composent (Heis en compte 54, le double), il y en a sept qui forment une figure ayant avec les sept étoiles de la Grande-Ourse une grande ressemblance, mais placée en sens inverse ; les quatre étoiles intermédiaires se voient assez difficilement. Cette constellation ne renferme, outre la Polaire, qu'une étoile de deuxième grandeur et une de troisième ; les 24 autres sont inférieures à la quatrième.

Au-dessous de la Petite-Ourse, on peut voir une série d'étoiles, formant une ligne sinueuse qui se prolonge jusque près des Gardes de la Grande-Ourse, et se termine à l'extrémité inférieure par un groupe de 4 étoiles rangées en trapèze. C'est le Dragon, qui, sur 130 étoiles visibles à l'œil nu (H. 220), en contient 1 seulement de deuxième grandeur et 9 de troisième. Céphée, la Girafe et le Lynx sont trois autres constellations voisines du pôle, comprenant ensemble 215 étoiles visibles à l'œil nu (H. 384). La première, entre la Petite-Ourse et Cassiopée ; la deuxième, opposée au Dragon ; la troisième, du même côté que la seconde. Elles n'offrent ni les unes ni les autres rien de bien remarquable, surtout la Girafe et le Lynx, dont les étoiles les plus brillantes sont au plus de troisième et de quatrième grandeur. Parmi toutes les étoiles qui, sur l'horizon de Paris, ne se couchent jamais, la plus brillante est une étoile de première grandeur connue sous le nom de la *Chèvre*, et qui fait partie de la constellation du COCHER. Vers le 20 décembre, à minuit, la Chèvre est à fort peu près au zénith. On peut trouver cette étoile remarquable, en prolongeant la ligne qui joint les deux étoiles du quadrilatère de la Grande-Ourse, les plus voisines du pôle. Le Cocher, qui renferme 69 étoiles visibles à l'œil nu (H. 144), contient, outre la Chèvre, 1 étoile de deuxième grandeur, 3 étoiles de troisième et 4 de quatrième grandeur.

Au nombre des constellations visibles (au moins en partie) pendant toute l'année, et dont les étoiles environnant le pôle ont reçu pour cette raison le nom d'*étoiles circompolaires*, il faut ranger PERSÉE, qu'on aperçoit dans le voisinage du Cocher. Elle occupe à l'époque et à l'heure que nous avons choisies, une position un peu occidentale, relativement à cette dernière constellation, au-dessus de Cassiopée. Sur 80 étoiles visibles à l'œil nu (H. 136), 1 est de seconde grandeur, 4 sont de troisième et 14 de la quatrième grandeur. C'est dans Persée que se trouve l'étoile *Algol*, ou β, célèbre par les variations de sa lumière, qui la font passer alternativement et dans une très-courte période, de la seconde à la quatrième grandeur. Nous parlerons plus loin avec détail de cette singulière étoile.

J'ai supposé pour décrire la zone circompolaire boréale, que nous étions au 20 décembre, à minuit. Mais il est facile de trouver l'aspect et la position de cette zone, pour une heure quelconque de la nuit, ou pour une autre époque de l'année. C'est en vingt-quatre heures sidérales en effet, que s'effectue la rotation entière du mouvement diurne : en six heures, un quart du mouvement total est donc accompli. Que résulte-t-il de là? Qu'une constellation telle que Cassiopée, par exemple, qui à minuit est à gauche du pôle, était au-dessus à six heures du soir et se retrouvera au-dessous, vers l'horizon, à six heures du matin. Dès lors, si l'on représente la zone sur une planche ayant ses quatre côtés, supérieur et inférieur, oriental à droite et occidental à gauche, et si on la fait tourner de façon à mettre en bas, à l'horizon, chacun de ses quatre côtés, on aura les positions successives des étoiles de la zone circompolaire pour les heures suivantes :

Le 20 décembre :	côté horizontal inférieur.	à 6 h. du m.
	côté vertical de droite..	à 6 h. du s.
	côté horizontal supérieur	à midi.
	côté vertical de gauche.	à 6 h. du m.

A midi, tout le monde sait que les étoiles restent invisibles à cause de l'illumination de l'atmosphère. Les constellations et les étoiles n'en occupent pas moins, dans le ciel, la position indiquée dans le tableau ci-dessus. A l'aide d'un télescope ou d'une lunette astronomique d'une certaine puissance, on peut voir en plein jour les étoiles des ordres de grandeur, que la vue simple ne peut percevoir que la nuit. Ajoutons que, par une rotation lente de la figure, rien n'empêche de suivre progressivement la rotation de la voûte étoilée, à toutes les heures de la nuit, intermédiaires entre celles que nous venons d'indiquer. D'un jour à l'autre, cet aspect changera, chaque étoile venant occuper de plus en plus tôt la même position que les nuits précédentes. Cette avance est de six heures tous les trois mois. Par conséquent, si l'on reprend dans le même ordre les quatre positions du tableau précédent, elles cor respondent aux époques et aux heures suivantes de l'année :

	Le 22 mars.	Le 20 juin.	Le 22 sept.
Côté horizontal inférieur.	6 h. du s.	Midi.	6 h. du m.
— vertical de droite. .	Midi.	6 h. du m.	Minuit.
— horizontal supérieur	6 h. du m.	Minuit.	6 h. du s.
— vertical de gauche.	Minuit.	6 h. du s.	Midi.

§ 3. — Constellations visibles au sud de l'horizon de Paris. Étoiles de la zone équatoriale.

Revenons maintenant à notre dénombrement des étoiles visibles à minuit, le 20 décembre.

Jetez les yeux sur la figure 7. Elle présente une partie de la voûte étoilée vue du côté du sud, telle qu'elle apparaîtra, si l'on tourne le dos à la zone circompolaire que nous venons de passer en revue. Cette zone immense embrasse, à très-peu près, la moitié de l'arc d'horizon qui va de l'Est à l'Ouest, en passant par le point sud, et s'étend en hauteur jusque vers le zénith. Elle comprend les plus belles constellations, les étoiles les plus brillantes du ciel, et se trouve partagée en deux obliquement par la Voie Lactée.

Orion occupe à peu près le milieu du tableau. Cette magnifique constellation forme un grand quadrilatère, plus haut que large, au centre duquel on aperçoit trois étoiles de seconde grandeur rangées obliquement en ligne droite. C'est le *Baudrier d'Orion*, bien connu sous le nom populaire du *Râteau* ou des *Trois-Rois*, ou encore du *Bâton de Jacob*. Deux des étoiles du grand quadrilatère sont de première grandeur. On les nomme *Bételgeuze* et

Rigel[1]. Bételgeuze, dont l'éclat varie périodiquement, est remarquable par la teinte rougeâtre de sa lumière. Sur 115 étoiles visibles à l'œil nu (H. 136), outre les deux plus brillantes, Orion renferme encore 4 étoiles de deuxième grandeur, 4 de troisième et 6 de quatrième grandeur.

En prolongeant vers le Nord-Ouest la ligne des trois étoiles du *Baudrier d'Orion* — c'est encore un nom donné au Râteau — l'œil passe près d'une étoile rouge de première grandeur : c'est *Aldébaran*, (α) la plus brillante de la constellation du TAUREAU. Aldébaran, qu'on nomme aussi l'*œil du Taureau*, est au milieu d'un groupe de petites étoiles qu'on nomme les *Hyades*. Un peu plus loin dans la même direction, on aperçoit les *Pléiades*, si faciles à reconnaître au milieu du ciel par l'entassement des six étoiles visibles à l'œil nu qui composent ce groupe intéressant. Le Taureau ne contient pas moins de 121 étoiles (H. 188), dont 1 de première, 1 de seconde, 3 de troisième et 14 de quatrième grandeur.

Si maintenant vous prolongez, vers le Sud-Est d'Orion, la ligne qui nous a donné Aldébaran au Nord-Est, vous allez rencontrer sur le bord de la Voie Lactée la constellation du GRAND-CHIEN, qui renferme *Sirius*, la plus brillante étoile des deux hémisphères, la plus remarquable par la vivacité de sa scintillation et par son éclatante blancheur. Sur 56 étoiles (H. 70) visibles à l'œil nu dont cette cons-

1. Rigel se nomme aussi le *Pied d'Orion*. Bételgeuze est l'étoile de l'épaule droite; l'étoile de l'épaule gauche à l'occident de Bételgeuze, se nomme *Bellatrix*.

tellation est formée, 2 étoiles appartiennent à la seconde grandeur et 4 à la troisième.

Vers l'Ouest, et en ce moment à peu près à la même hauteur que Bételgeuze, brille *Procyon*, de

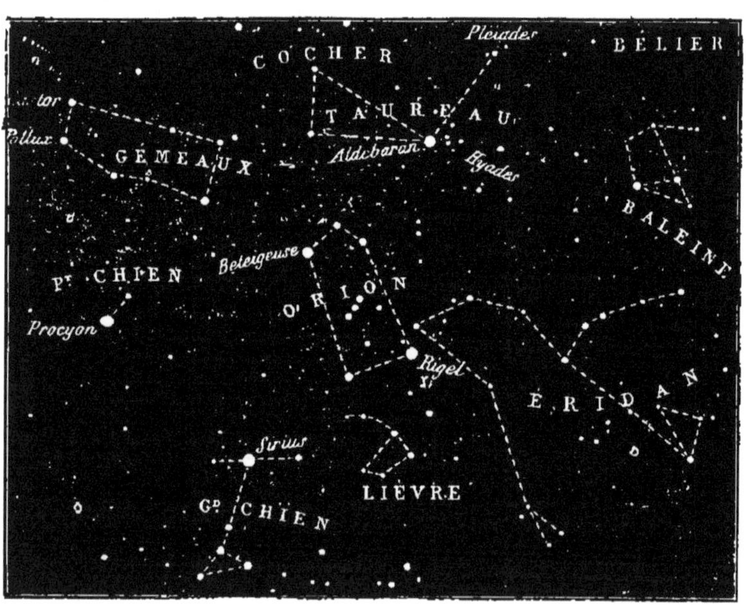

Fig. 7. — Le ciel de l'horizon de Paris. — Zone équatoriale : Orion, le Taureau, le Grand-Chien.

l'autre côté de la Voie Lactée. C'est une étoile de première grandeur, la plus brillante de la constellation du Petit-Chien. Il importe de remarquer que Bételgeuze, Sirius et Procyon forment un triangle dont les trois côtés sont presque de même longueur apparente (fig. 7). Cette circonstance permet encore de retrouver aisément ces étoiles.

Au-dessus de Procyon et en remontant vers le zénith, *Castor et Pollux*, qui brillent à cinq degrés seulement de distance apparente, nous indiquent les Gémeaux, constellation renfermant, outre ces deux étoiles, l'une de première et l'autre de seconde grandeur, 51 étoiles visibles à l'œil nu (H. 106). Vers l'Occident et à côté des Pléiades, vous voyez la constellation du Bélier, et un peu au-dessous, celles de la Baleine et de l'Éridan, qui ne renferment pas, dans la portion du ciel visible sur l'horizon de Paris, d'étoiles de première grandeur.

Mais à mesure que nous énumérons et contemplons cette partie si brillante du ciel, les étoiles défilent entraînées par le mouvement diurne; les unes se couchent et disparaissent à l'Occident, tandis que les autres s'élèvent à l'Orient, nous permettant ainsi d'apercevoir des constellations nouvelles. Avant de les passer en revue, disons que l'horizon Sud, tel qu'on vient de le décrire, offre le même aspect aux époques et aux heures suivantes :

A minuit	le 20 décembre.
A 6 heures du soir . . .	le 22 mars.
A midi	le 20 juin.
A 6 heures du matin . .	le 22 septembre.

§ 4. — Zone équatoriale à l'équinoxe du printemps.

Du 20 décembre, date du solstice d'hiver, au 22 mars, c'est-à-dire à l'équinoxe du printemps, la Terre se déplace peu à peu dans son orbite, de sorte que la partie du ciel opposée au Soleil change progressivement. Par ce mouvement, nous verrions successivement pendant ces trois mois de la saison d'hiver, et aux mêmes heures de la nuit, des constellations de plus en plus orientales.

Il résulte de ce mouvement progressif apparent, dû au mouvement réel de translation de la Terre autour du Soleil, que le 22 mars, à minuit, le tableau de la voûte étoilée du côté du Sud aura presque complétement changé : au lieu d'Orion, qui vient alors de se coucher, c'est le Lion qui en occupe le centre. Le ciel offre alors, au sud de l'horizon de Paris, l'aspect de la figure 8. La Voie Lactée s'est inclinée à l'Occident et rase l'horizon en remontant du côté du Nord.

Les principales étoiles du Lion forment une espèce de trapèze surmonté du côté du couchant par un demi-cercle en forme de faucille. C'est à l'extrémité inférieure du manche de l'instrument que brille *Régulus*, étoile de première grandeur, qu'on nomme aussi le *Cœur* du Lion. *Denebola* est l'étoile située à l'autre extrémité du trapèze. Sur 75 étoiles (H. 151) visibles à l'œil nu dans cette constellation, sans compter Régulus, il y en a 2 de seconde grandeur, 5 de troisième et 8 de quatrième.

Trois étoiles de premier ordre brillent encore en ce moment avec Régulus dans la zone céleste qui est sous nos yeux. C'est vers le Sud-Ouest, Procyon, qui n'est pas encore couché ; puis, à la même hauteur que cette étoile, et plus à l'est que le Lion, l'*Épi* de la Vierge, qui ne tardera pas à passer au méridien ; enfin *Arcturus*, la plus brillante de la constellation du Bouvier, qu'on peut reconnaître en prolongeant jusqu'à leur point d'intersection les deux bases les plus grandes du trapèze de la Grande Ourse. L'Épi, Arcturus et Denebola du Lion forment aussi les sommets d'un triangle dont les côtés sont presque égaux, et dont la base, à peu près parallèle à l'horizon à cette heure, est la ligne qui joint les deux dernières étoiles (fig. 8). La Vierge et le Bouvier sont, avec le Lion, les plus importantes constellations actuellement en vue. La première contient 100, la seconde 85 étoiles visibles à l'œil nu (d'après Heis, 181 et 140); 11 étoiles de la Vierge et 18 étoiles du Bouvier dépassent en éclat la 4e grandeur.

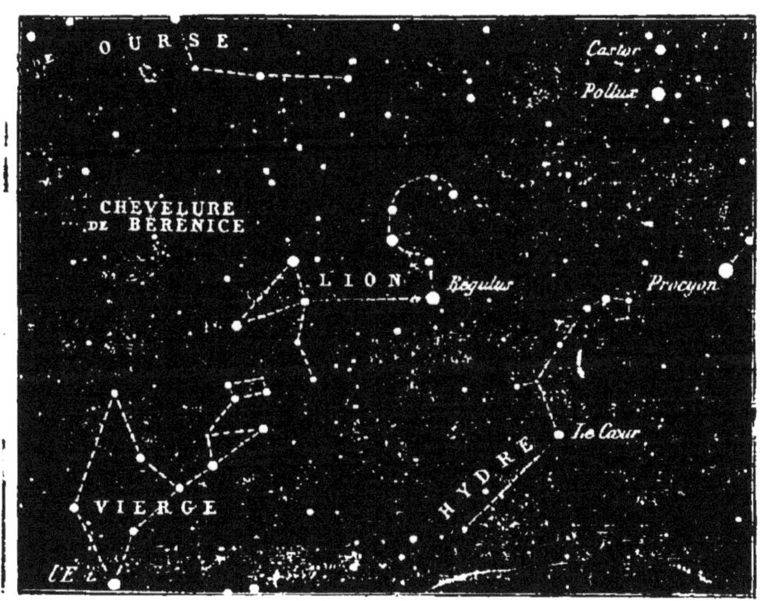

Fig. 8. — Le ciel de l'horizon de Paris. — Zone équatoriale : le Lion, la Vierge, l'Hydre.

Entre le Lion et le Bouvier, on remarque un amas de 39 (H. 70) petites étoiles très-rapprochées, et, par cela même, impossibles à distinguer nettement les unes des autres : c'est la Chevelure de Bérénice. A l'est d'Arcturus, 6 étoiles rangées en demi-cercle et dont la plus brillante se nomme la *Perle*, forment la COURONNE BORÉALE, au-dessous de laquelle se trouvent la *Tête* du SERPENT et OPHIUCUS. De chaque côté de l'Épi et un peu au-dessous près de l'horizon, on distingue la BALANCE, le CORBEAU et la COUPE. Les deux premières constellations renferment seules quelques étoiles de seconde grandeur. Enfin, sur l'horizon apparaissent, dans les brumes, un petit nombre d'étoiles du SCORPION et du CENTAURE, constellations que nous retrouverons et décrirons plus au complet dans le ciel de juin, ou dans la zone céleste environnant le pôle austral.

Pour terminer l'examen des constellations visibles le 22 mars à minuit, signalons les CHIENS DE CHASSE (on dit aussi les LÉVRIERS) au-dessus de la Chevelure de Bérénice, le PETIT LION au-dessus du Lion, le CANCER ou l'ÉCREVISSE à l'occident de Régulus ; et enfin, tout près de l'horizon et de la Voie Lactée, l'HYDRE où brille le *Cœur*, étoile variable de second ordre, et la LICORNE au-dessus de Procyon. Ces cinq constellations comprennent 363 étoiles d'après Argelander, et 485, d'après Heis.

La zone que nous venons de décrire occupe, sur l'horizon et à la latitude de Paris, la même position aux époques et aux heures suivantes :

Le 22 mars.	à minuit ;
Le 20 juin	à 6 heures du soir[1] ?
Le 22 septembre	à midi ;
Le 20 décembre	à 6 heures du matin.

1. Il faut faire ici, pour le 20 juin, une remarque analogue à celle déjà exprimée plus haut pour l'heure de midi. A six heures du soir en été, l'éclat de l'atmosphère rend les étoiles invisibles à l'œil nu.

§ 5. — Zone équatoriale au solstice d'été

Le 20 juin, à minuit, c'est-à-dire à l'époque du solstice d'été, c'est une autre partie de la zone équatoriale qui va défiler sous nos yeux.

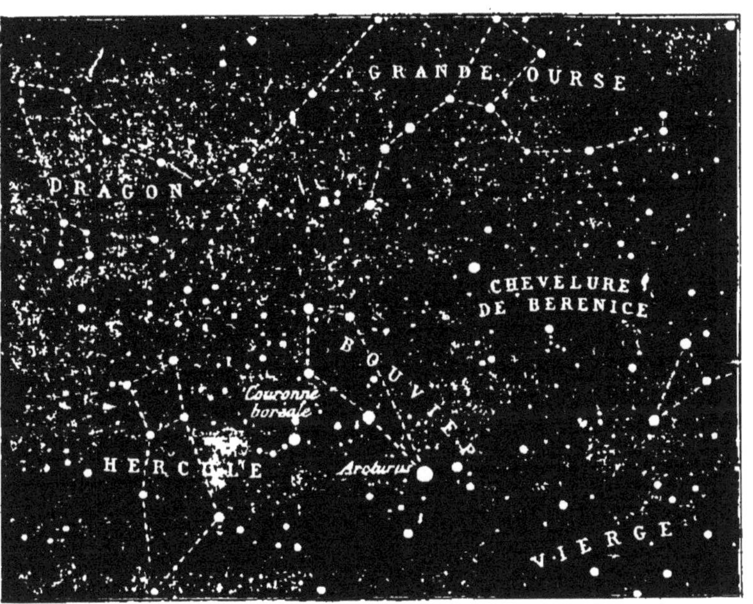

Fig. 9. — Le ciel de l'horizon de Paris. — Zone équatoriale. Bouvier, Chevelure de Bérénice, Couronne boréale, Hercule.

Tournons-nous toujours vers le Sud : l'aspect du ciel sera celui que représente la figure 9. La Couronne Boréale et le Bouvier, le Serpent, la Balance et la Vierge qui, le 22 mars, occupaient la partie orientale de la voûte étoilée, sont maintenant à l'Occident. Arcturus est situé verticalement au-dessus de l'Épi. La Voie Lactée, divisée en deux grandes branches, s'élève obliquement de l'horizon méridien ou du Sud vers le Nord-Est.

Trois étoiles de première grandeur brillent à des hauteurs inégales dans trois constellations différentes. Ce sont, en allant de l'Occident à l'Orient, *Antarès* ou le *Cœur* du SCORPION, qui s'élève à peine au-dessus de l'horizon sur le bord de la Voie Lactée. Vient ensuite *Wéga* de la LYRE, qui touche

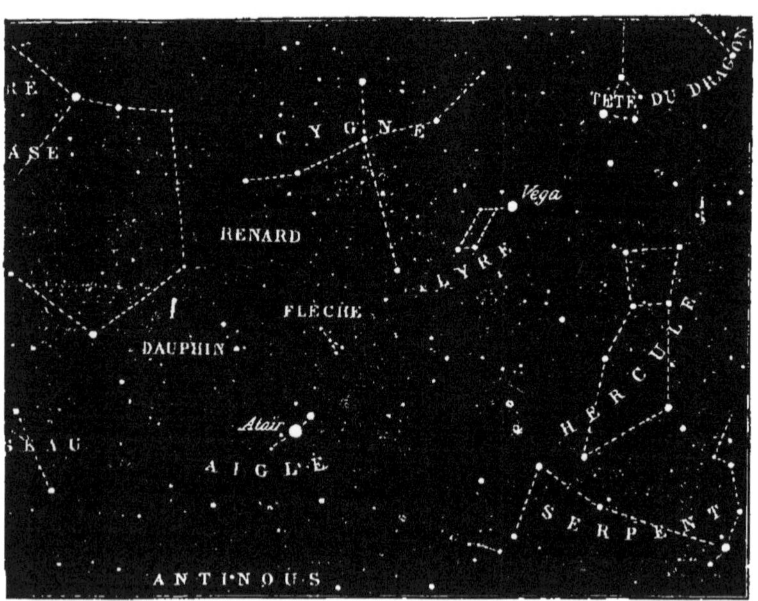

Fig. 10. — Le ciel de l'horizon de Paris. — Zone équatoriale : le Cygne, la Lyre, l'Aigle.

presque au zénith, et enfin, à une hauteur environ moitié moindre, *Ataïr*, la plus brillante étoile de l'AIGLE.

Quelques mots maintenant sur les constellations en vue.

C'est d'abord, à l'ouest de la Couronne boréale, et s'élevant jusqu'au zénith, HERCULE, qui sur un nombre total de 155 étoiles visibles à l'œil nu, (H. 227) n'en renferme que 2 approchant de la seconde grandeur et 14 entre la troisième et la cinquième. C'est vers un point de cette constellation, nous le verrons bientôt, que se dirige actuellement notre Soleil, emportant avec lui tout son monde de planètes, de satellites et de comètes. A l'orient d'Hercule est la Lyre (étoiles vis. à l'œil nu, A. 48, H. 69), où nous avons déjà distingué la brillante et blanche Wéga, aisée à reconnaître par le voisinage de quatre étoiles formant au-dessous d'elle un petit parallélogramme.

En allant toujours vers l'Orient, on rencontre, à gauche de la Lyre, la constellation du CYGNE (étoiles, A. 145, H. 197), que traverse la Voie Lactée et dont l'étoile la plus brillante, α, est entre la seconde et la première grandeur. Cette étoile forme, avec quatre autres de troisième ordre, une grande croix qui est à cette heure inclinée à l'horizon, et sert à distinguer la constellation à laquelle elles appartiennent. α du Cygne forme aussi, avec Ataïr et Wéga, un grand triangle isocèle. Dans le Cygne se trouve une petite étoile (marquée du n° 61 dans les catalogues), à peine visible à l'œil nu, mais qui est célèbre dans les annales astronomiques : c'est la première dont la distance à la Terre ait été mesurée. Le Cygne ne contient pas moins de 145 étoiles perceptibles à la vue simple ; mais 22 seulement surpassent la cinquième grandeur. Le RENARD, la FLÈCHE, le DAUPHIN, entre la Lyre, le Cygne et l'Aigle, n'offrent aucune étoile remarquable. En se rapprochant de l'horizon et toujours vers l'Orient, on aperçoit les constellations du VERSEAU et du CAPRICORNE ; puis, en partie dans la Voie Lactée, le SAGITTAIRE. Là, nous retrouvons les étoiles du Scorpion, parmi lesquelles Antarès, qui bientôt disparaîtra sous l'horizon, ainsi que les quatre étoiles avec lesquelles il forme une sorte d'évantail. Au-dessus du Scorpion, OPHIUCUS et le

Fig. 11. — Le ciel de l'horizon de Paris. — Zone équatoriale : Pégase, Andromède, Persée.

SERPENT sont entièrement visibles. On y distingue 4 étoiles de seconde grandeur et 27 de la seconde à la cinquième.

Là se termine notre révision de la zone équatoriale, pour le milieu de la nuit du solstice d'été, zone qui présente la même position aux quatre époques principales suivantes :

Le 20 juin.	à minuit ;
Le 22 septembre.	à 6 heures du soir ;
Le 20 décembre	à midi;
Le 22 mars	à 6 heures du matin.

§ 6. — Zone équatoriale à l'équinoxe d'automne.

Il ne nous reste plus, pour achever cette description des étoiles visibles au-dessus de l'horizon de Paris, qu'à passer en revue les constellations de la zone équatoriale, telles qu'elles apparaissent au milieu de la nuit de l'équinoxe d'automne.

Nous sommes au 22 septembre, à minuit. Les yeux tournés vers le Sud, nous embrassons du regard toute la partie du ciel qui s'étend de l'Ouest à l'Est jusqu'au zénith.

A l'Occident apparaît Ataïr, dans l'Aigle, et plus haut le Cygne ; à l'Orient, les Pléiades, le Taureau où brille Aldébaran. Orion, déjà visible, va bientôt monter sur l'horizon. Nous avons fait, on le voit, de décembre à septembre, les trois quarts du tour du ciel ; ou plutôt, la voûte étoilée tout entière, si nous y joignons les étoiles actuellement visibles, aura défilé sous nos yeux.

Vers le milieu du ciel, un peu plus rapproché du zénith que de l'horizon, se dessine un grand carré de quatre étoiles, dont trois sont de seconde et une de troisième grandeur. A la suite et du côté de l'Orient, trois autres étoiles de seconde grandeur et pareillement espacées font, avec le carré dont nous parlons, une figure beaucoup plus étendue, mais ayant beaucoup de ressemblance avec le groupe des sept étoiles principales de la Grande-Ourse. De ces sept étoiles, trois appartiennent à la constellation de PÉGASE, trois à celle d'ANDROMÈDE, et la plus orientale enfin n'est autre qu'Algol, la variable de Persée. Andromède et Pégase renferment, à elles deux, 191 étoiles visibles à l'œil nu (H. 317), parmi lesquelles 12 seulement surpassent la quatrième grandeur. Entre le *carré de Pégase* et le Taureau, on rencontre deux constellations : les POISSONS, le BÉLIER. Cette dernière seule renferme deux étoiles assez brillantes, situées à peu près à égale distance des Pléiades et des deux étoiles orientales du carré de Pégase.

Au-dessous des Poissons et du Bélier, est la BALEINE, dont les étoiles plongent jusqu'au-dessous de l'horizon. Sur 98 étoiles visibles à l'œil nu (H. 162), cette constellation en renferme 6 de troisième grandeur et 2 de seconde ; on y distingue, en outre, une étoile fort remarquable par les variations périodiques de son éclat, qui tantôt augmente jusqu'à la faire voir sous l'aspect d'une étoile de quatrième grandeur, et tantôt s'efface assez pour la rendre invisible : c'est *Mira* ou o de la Baleine. Nous décrirons plus loin ces phénomènes de variabilité d'éclat.

A l'Occident de cette constellation, nous retrouverons le VÉRSEAU et le CAPRICORNE ; puis, tout à fait au Sud et rasant l'horizon, les étoiles du POISSON AUSTRAL, parmi lesquelles on peut distinguer, si l'atmosphère est pure, et si les objets terrestres ne lui servent pas de voile, *Fomalhaut*, belle étoile de première grandeur.

La quatrième partie de la zone équatoriale qu'on

vient de passer en revue, offre le même aspect aux époques et aux heures suivantes :

Le 22 septembre.	à minuit ;
Le 20 décembre	à 6 heures du soir;
Le 22 mars	à midi ;
Le 20 juin.	à 6 heures du matin.

Disons, pour terminer cette revue rapide du ciel méridional de l'horizon de Paris, que les quatre figures qui nous ont aidé à reconnaître les diverses constellations peuvent encore servir à d'autres époques de l'année et à d'autres heures de la nuit. Seulement, les groupes d'étoiles, tout en conservant les mêmes positions relatives, seront diversement inclinés sur l'horizon. Plus l'heure sera avancée au delà de minuit, plus il y aura d'étoiles occidentales disparues, plus on verra de nouvelles étoiles à l'Orient. Ce changement, qui provient du mouvement diurne, se produira de la même façon, si l'on passe d'un jour à l'autre, d'un mois au mois suivant, de sorte qu'à la même heure de la nuit, les étoiles visibles en un même point du ciel appartiennent à des constellations de plus en plus orientales. Nous avons déjà dit, que ce second mouvement apparent de la voûte étoilée, est dû à la translation de la Terre dans son orbite.

§ 7. — Zone circompolaire australe. — Étoiles invisibles sur l'horizon de Paris.

De l'hémisphère boréal de la Terre, où nous nous sommes placés jusqu'à présent pour observer la voûte étoilée, transportons-nous dans l'hémisphère austral. Choisissons un lieu dont la distance à l'Équateur soit précisément la même que celle de notre premier poste, c'est-à-dire situé sur le parallèle qui passe par les antipodes de Paris. Supposons-nous placés en un point des côtes de Patagonie, par exemple, près de la pointe sud de l'Amérique méridionale. Là, toutes les étoiles formant la zone circompolaire boréale, et qui sur le parallèle de Paris ne se couchent jamais, seront constamment invisibles. En regardant du côté de l'Équateur, c'est-à-dire vers le Nord, on verra défiler, d'un bout de l'année à l'autre, toutes les constellations de la zone équatoriale que nous venons de décrire. Mais les étoiles s'y trouveront disposées dans un ordre tout à fait inverse, du moins relativement à l'horizon; de sorte que les deux étoiles du grand quadrilatère d'Orion, je suppose, qui à Paris en forment la base inférieure, apparaîtront à la partie supérieure; Sirius, qui se montre dans l'hémisphère nord, à gauche et au-dessous d'Orion, s'y trouvera à droite et plus élevé sur l'horizon. Ce changement d'aspect s'explique aisément par le changement complet de position de l'observateur.

Mais si nous jetons les yeux du côté du Sud, nous allons pouvoir contempler toute une série d'étoiles inconnues à la zone terrestre qui s'étend du parallèle de Paris jusqu'au pôle septentrional. Ce sont les constellations qui environnent le pôle austral du ciel, et qui ne se couchent jamais sur notre nouvel horizon. Si donc nous passons maintenant en revue cette nouvelle zone d'étoiles, nous aurons terminé la description de la voûte céleste tout entière.

Revenons à la nuit du 20 décembre, celle de notre solstice d'hiver, qui est le commencement de la saison chaude ou le solstice d'été pour l'hémisphère austral. A minuit, l'aspect de la voûte étoilée est tel, que l'on aperçoit la Voie Lactée, ramifiée en diverses branches, s'élever légèrement inclinée sur l'horizon à gauche, c'est-à-dire du côté de l'Orient.

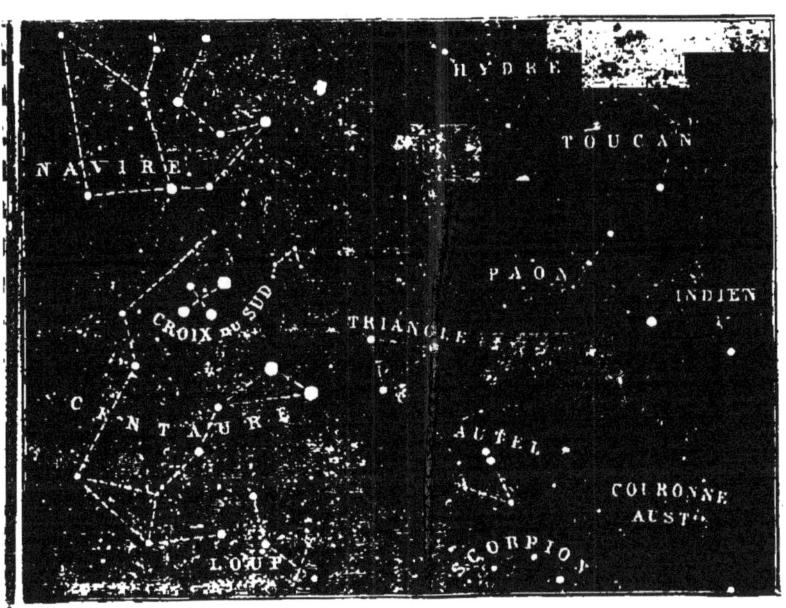

Fig. 12. — Étoiles invisibles sur l'horizon de Paris. — Zone circompolaire australe : Navire, Croix du Sud, Centaure.

Mais ce qui frappe tout d'abord dans le tableau de la partie du ciel que nous examinons, c'est la multitude de brillantes étoiles qui suivent le cours de la Voie Lactée jusqu'au zénith, et qui, passant par-dessus notre tête, vont derrière nous rejoindre Sirius, Procyon, Aldébaran, jusque près de l'horizon du Nord. Commençons par les constellations qui composent cette zone éclatante.

A peu près à la hauteur du pôle, ou, si l'on veut, à égale distance de l'horizon et du zénith, quatre étoiles, dont une est de première et deux de seconde grandeur, forment un losange allongé en ce moment couché parallèlement à l'horizon. Ce sont les principales étoiles de la CROIX DU SUD. Au-dessous de la plus brillante de la Croix, et entre deux branches de la Voie Lactée, deux étoiles de premier ordre distin-

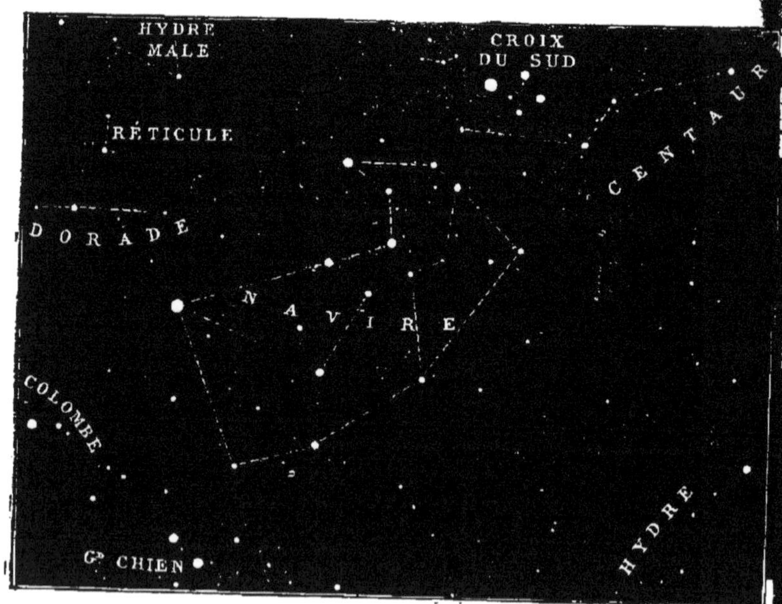

Fig. 13. — Étoiles invisibles sur l'horizon de Paris. — Zone circompolaire australe : le Navire, la Croix du Sud.

guent la grande constellation du CENTAURE, où l'œil aperçoit encore cinq étoiles de seconde grandeur. Le Centaure s'étend à l'Orient et au Nord de la Croix, qu'il enveloppe presque entièrement. On verra que, α, la plus brillante étoile de cette constellation, n'est pas seulement remarquable par son éclat; elle forme un système de deux soleils, se mouvant l'un autour de l'autre; c'est aussi la plus rapprochée de nous parmi les étoiles dont on a pu mesurer la distance à la Terre.

Au-dessous du Centaure et vers l'horizon, apparaissent un assez grand nombre d'étoiles de troisième et de quatrième grandeur, qui forment la constellation du LOUP. Un rameau détaché de la Voie Lactée traverse le Loup et va se perdre dans le Scorpion, dont quelques étoiles seulement s'élèvent à cette heure au-dessus de l'horizon.

L'AUTEL et le TRIANGLE AUSTRAL, qui longent la Voie Lactée en remontant vers le pôle, et où nous n'avons rien à signaler de remarquable, vont nous ramener au-dessus de la Croix, dans la magnifique constellation du NAVIRE ou d'ARGO. Là, une multitude de brillantes étoiles rangées autour du pôle en zone circulaire, donnent à cette région du ciel une splendeur incomparable. *Canopus*, considérée jadis comme la plus éclatante de toute la voûte céleste après Sirius, et qu'une autre étoile du Navire a fait quelque temps déchoir de son rang, est, à cette heure, voisine du zénith et presque dans le méridien; tandis qu'au-dessus de α de la Croix, se trouve η du Navire, qui étonnait le regard, il y a peu d'années encore, par sa magnificence inusitée.

Du Navire, nous passons, sans rencontrer aucune constellation remarquable, par le POISSON VOLANT, la DORADE, le RÉTICULE, et nous arrivons à l'ÉRIDAN, dont nous avons observé déjà la partie visible dans le ciel de Paris. C'est à l'extrémité de cette constellation, la plus voisine du pôle, que brille *Achernar*, belle étoile de première grandeur. A droite d'Achernar, trois étoiles, l'une de second, les deux autres de troisième ordre, forment le PHÉNIX, au-dessous duquel en revenant à l'horizon et au méridien on trouve le TOUCAN et la GRUE, l'INDIEN et le PAON Deux étoiles de seconde grandeur et quelques-unes de troisième, distinguent ces constellations, dont on peut reconnaître exactement la position dans les figures 13 et 14.

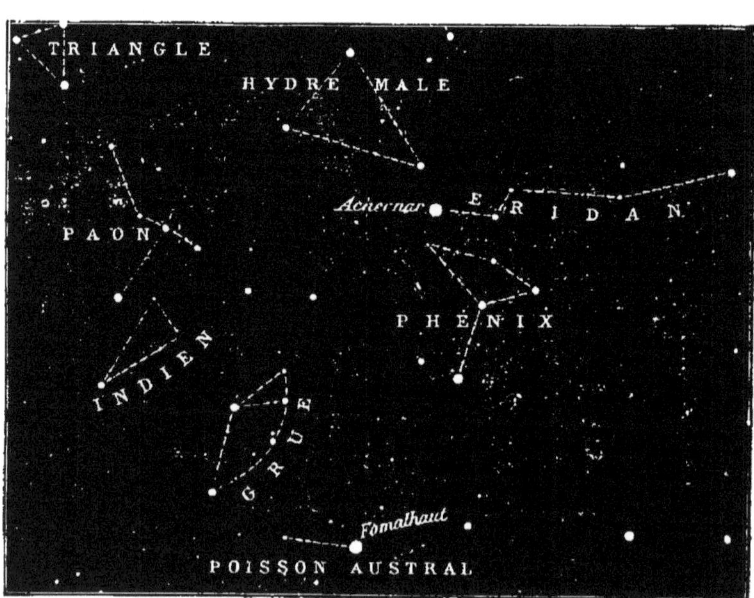

Fig. 14. — Étoiles invisibles sur l'horizon de Paris. — Zone circompolaire australe : Éridan, Phénix, Grue, Paon, Indien.

Dans cette énumération des constellations circompolaires du pôle sud, nous n'avons rien dit des étoiles situées près de ce pôle même. La raison en est simple. Aucune d'elles ne mérite une mention,

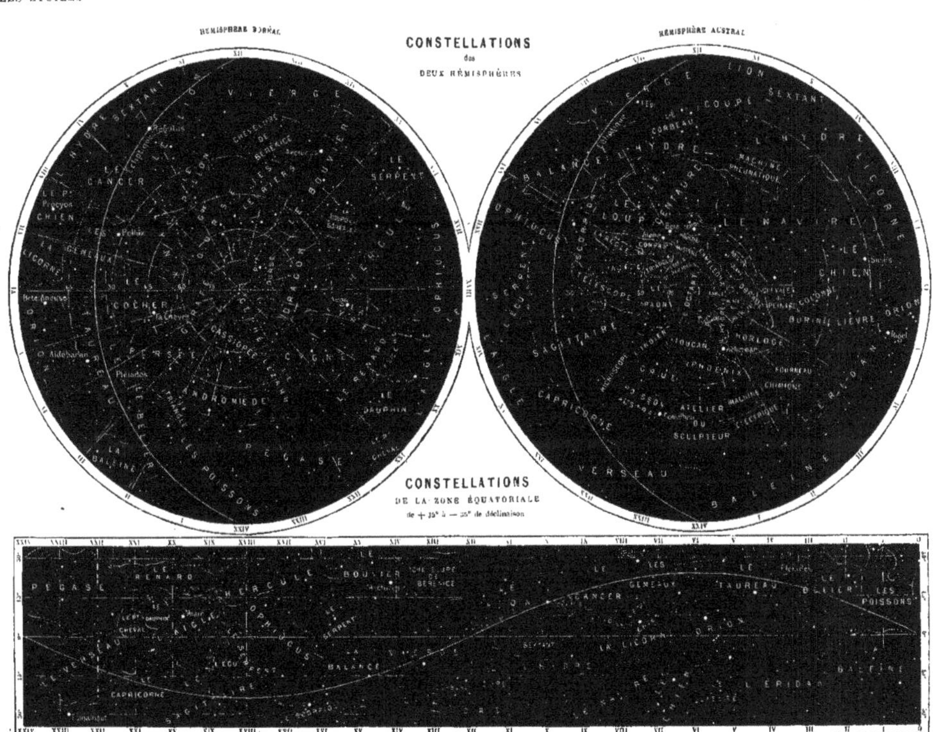
HÉMISPHÈRE BORÉAL
CONSTELLATIONS
des
DEUX HÉMISPHÈRES
HÉMISPHÈRE AUSTRAL
CONSTELLATIONS
DE LA ZONE ÉQUATORIALE
de + 35° à — 35° de déclinaison
VIERGE
SEXTANT
CANCER
CHIEN
LICORNE
COCHER
PERSÉE
ANDROMÈDE
CASSIOPÉE
DRAGON
BOUVIER
SERPENT
HERCULE
OPHIUCUS
CYGNE
DAUPHIN
PÉGASE
POISSONS
BALEINE
LION
COUPE
CORBEAU
HYDRE
MACHINE PNEUMATIQUE
LICORNE
BALANCE
CENTAURE
LE NAVIRE
CHIEN
ORION
LIÈVRE
SAGITTAIRE
CAPRICORNE
VERSEAU
SCULPTEUR
PHÉNIX
BALEINE
PÉGASE
RENARD
HERCULE
BOUVIER
BERÉNICE
CANCER
GÉMEAUX
TAUREAU
BÉLIER
POISSONS
ORION
BALANCE
CAPRICORNE
BALEINE

et, sauf l'étoile β de l'Hydre, n'approche de la troisième grandeur. Il n'y a donc pas, dans le ciel austral, d'étoile analogue à la *Polaire* du ciel boréal. Cette pauvreté des régions polaires est singulièrement compensée par le nombre et l'éclat des étoiles qui entourent toute la zone australe. Ajoutons qu'en dehors de la Voie Lactée et dans le voisinage des parties les moins brillantes de la zone, se voient le Grand-Nuage et le Petit-Nuage, formant les deux Nuées de Magellan, associations magnifiques d'étoiles et de nébuleuses que nous aurons ailleurs l'occasion de décrire.

CHAPITRE III

DISTANCES DES ÉTOILES

§ 1. — Problème des distances célestes. — Distance de la Terre à la Lune.

Nous allons aborder l'un des problèmes dont la solution laisse le plus de doutes, et provoque le plus d'incrédulité chez les personnes étrangères aux sciences et aux méthodes mathématiques, je veux parler de la mesure des distances qui séparent notre globe des autres corps célestes.

En énonçant le problème dans toute sa généralité, nous mettrons par cela même en évidence la difficulté principale, essentielle, la cause de l'incrédulité que je viens de signaler, et que j'ai l'espoir de dissiper radicalement. Voici cet énoncé :

Mesurer, à l'aide d'une unité convenablement choisie, la distance où se trouve de nous un point visible, mais INACCESSIBLE.

Tel est bien, en effet, le cas de tous les corps célestes, depuis la Lune, le Soleil et les planètes, jusqu'aux étoiles proprement dites.

La difficulté paraît tout entière dans cette circonstance, que l'objet dont il s'agit de mesurer la distance est *inaccessible* à l'observateur. Qu'on parle de mesurer une longueur, quelle qu'elle soit, à la surface de la Terre, tout le monde comprend la possibilité de l'opération. Sans être dans le secret des méthodes employées, méthodes souvent très-longues, très-pénibles, très-délicates, on assimile vaguement l'opération dont il s'agit au mesurage direct, au métrage, à l'arpentage, avec une chaîne ou une corde, d'une petite distance. Aussi personne ne fait-il de difficulté pour admettre, sauf erreur, tous les résultats des mesures de distances effectuées à la surface de notre globe.

Mais comment peut-on arriver à connaître la longueur de la ligne droite qui joint l'œil à un objet situé dans l'espace, hors de la portée de nos moyens de locomotion, par exemple au Soleil ou à la Lune? voilà, dis-je, sous forme de question, de doute, l'objection que se posent la plupart des personnes, lorsqu'elles entendent affirmer, par exemple, que 96000 lieues séparent la Lune de la Terre.

Eh bien, je vais essayer de faire voir qu'en principe, le problème ainsi posé n'offre aucune difficulté essentielle : les opérations à faire sont théoriquement très-simples; c'est dans la pratique, dans les détails et les précautions qu'elles exigent, que gît la difficulté véritable, l'impossibilité, lorsqu'il y a vraiment impossibilité.

Je procéderai du connu à l'inconnu, du simple au complexe, et je commencerai par le problème de la distance à un point inaccessible, mais situé à la surface de la Terre. On verra qu'au fond, la solution de cette question est celle des cas même les plus difficiles, et s'applique pareillement à la distance des corps célestes.

Nous sommes dans une plaine. On voit à l'horizon le sommet d'une tour, dont nous sommes d'ailleurs séparés par un obstacle quelconque, une rivière, je suppose. C'est la distance de cette tour au point que nous occupons qu'il s'agit d'évaluer, et cela sans la mesurer directement, sans quitter la rive du cours d'eau. Voici comment nous allons opérer :

En C, point où nous sommes (fig. 15), plantons un piquet, un jalon. En un autre point B, sur le sol de la plaine, plantons un second jalon, à une distance qui ne soit pas trop petite, comparativement à la longueur probable qu'il s'agit de mesurer. Les deux jalons C, B forment une ligne droite, aisée à métrer directement, à l'aide de la chaîne d'arpenteur, ou de tout autre moyen. Supposons que nous trouvions C B égal à $128^{m},60$. Telle est la *base* de notre opération.

Maintenant à l'aide d'un instrument que nous placerons successivement en C et en B — c'est ordinairement un *graphomètre* [1] — nous viserons de chacun de ces points le sommet de la tour : à chaque fois l'instrument nous donnera l'inclinaison de

1. Le *graphomètre* est essentiellement composé d'un demi-cercle en métal, divisé en degrés et en minutes, et dont le diamètre fixe est disposé de manière à viser dans une direction déterminée. Un second diamètre, mobile autour du cercle, sert à viser dans une autre direction, et l'écart des deux diamètres, c'est-à-dire l'angle des deux lignes droites le long desquelles on a visé, se mesure sur le cercle au moyen des divisions qui s'y trouvent tracées.

chaque rayon visuel sur la base, c'est-à-dire les deux angles à la base du grand triangle A B C.

Que connaissons-nous maintenant? D'une part, la longueur exacte de la ligne B C, longueur mesurée directement; d'autre part, deux angles : l'angle A C B,

Fig. 15. — Mesure de la distance qui sépare un point d'un autre point inaccessible.

qui a son sommet en C, — je le suppose égal à 80° 29′, — et l'angle A B C, dont le sommet est en B, et qui par exemple vaut 75°. Eh bien, il n'en faut pas davantage pour connaître toutes les autres parties du triangle A B C, pour pouvoir en tracer sur le papier une image ressemblante, avec les proportions qu'on voudra, de sorte qu'au moyen du compas et d'une règle divisée, il sera aisé de savoir le nombre de mètres contenus dans le côté A C du triangle. C'est ici 992m.

La distance cherchée est donc connue, et le problème résolu.

Quant à la précision du résultat, elle ne dépend que de deux éléments : en premier lieu, de l'exactitude avec laquelle la mesure de la base a été effectuée; en second lieu, de la précision de la mesure des deux angles. Or, cette double exactitude dépend elle-même et de la perfection des instruments, et de l'habileté de l'observateur. Ce n'est pas tout. Il y a lieu ici d'ajouter une considération importante : c'est que le choix de la base, de sa position et de sa longueur, a une grande influence sur le résultat lui-même. Si la base est trop petite, relativement à la distance qu'il faut mesurer, la forme du triangle s'allonge, et une faible erreur dans la mesure de l'un ou des deux angles de la base peut causer une erreur assez grande dans la solution. Si la base est tracée dans une direction telle que les angles à mesurer soient l'un très-aigu, l'autre très-obtus, l'inconvénient sera à peu près le même. Il faut donc autant que possible tracer une base relativement assez grande, dans une direction telle que, vue du point inaccessible, elle soit, le plus qu'on pourra, vue de face. A la surface du sol, on est ordinairement maître de ce choix : dans les mesures des distances célestes, il n'en est plus ainsi, et il peut se faire qu'on soit arrêté par ces difficultés, qui, théoriquement, n'existent pas.

Arrivons maintenant aux applications astronomiques.

La plus simple de toutes, je veux dire celle qui a

offert le moins de dfficultés, c'est la mesure de la Lune à la Terre, parce que cette distance est, de beaucoup, la moins considérable des distances célestes.

Définissons d'abord un terme qui revient souvent quand il s'agit de distances célestes, celui de *parallaxe*. Voici quelle en est la signification. Reprenons notre triangle ABC, et faisons remarquer que la direction de la ligne de visée change, quand on passe de la station A à la station C, ou, ce qui revient au même, que l'angle BCD, que la seconde ligne de visée forme avec la base, surpasse le premier angle mesuré, BAC. De combien? Précisément de l'angle BCE. Or BCE est égal à ABC, c'est-à-dire à l'angle même sous lequel un observateur qui aurait l'œil fixé au point inaccessible verrait la base elle-même. C'est cet angle qu'on nomme la parallaxe du point B, et c'est cet angle même qu'il suffit de connaître pour pouvoir calculer la distance. Aussi déterminer la parallaxe d'un astre, est-il synonyme de déterminer sa distance.

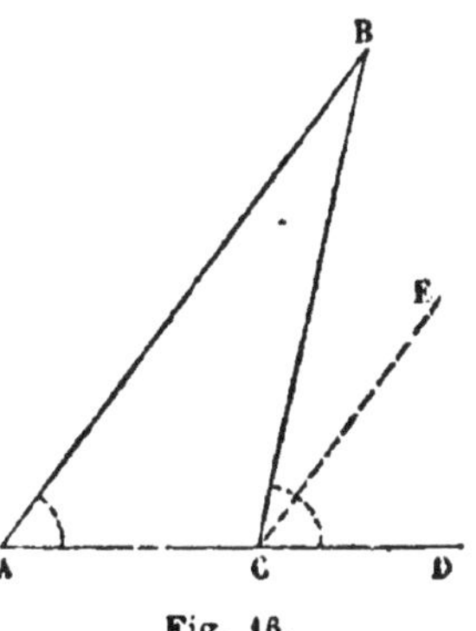

Fig. 16.

Maintenant considérons la Terre et la Lune, dont les centres sont T et L. Pour un observateur situé en A, prenons pour base le rayon TA. L'angle ALT sous lequel on le voit de la Lune est ce qu'on nomme la *parallaxe de hauteur*, parce qu'elle dépend évidemment de la hauteur de la Lune sur l'horizon du lieu. Comme la parallaxe varie suivant cette hauteur, qu'elle est *nulle* quand la Lune est au zénith du lieu, et maxima quand la Lune est à l'horizon, c'est cette dernière qu'on cherche à calculer ; on la nomme la parallaxe horizontale. Enfin, les rayons de la Terre étant inégaux, on convient de prendre pour base le rayon de l'équateur, et ce qu'on détermine alors, pour le calcul de la distance, c'est la parallaxe horizontale équatoriale.

Il n'entre pas dans notre cadre, de donner les détails d'un tel calcul. Disons seulement que la parallaxe de la Lune, mesurée en 1756 par Lalande et Lacaille, deux astronomes français qui s'étaient postés l'un à Berlin, l'autre au cap de Bonne-Espérance, avait été trouvée par eux de 57′ 40″. Les mesures des astronomes contemporains donnent 57′ 2″31 (Henderson). D'où il suit que la distance moyenne de la Lune équivaut à 60 rayons équatoriaux, plus 273 millièmes.

Les anciens avaient une idée bien plus juste de la distance de la Terre à la Lune que des autres distances célestes, ce qui est aisé d'ailleurs à concevoir. A la vérité, Pythagore estimait cette distance à 126 000 stades (environ 23 300 kilomètres), nombre environ dix-sept fois trop faible. Mais quatre cents ans plus tard, Hipparque jugeait la distance de la Lune comprise entre 62 et 83 rayons de la Terre, c'est-à-dire seulement un peu trop forte.

Pour le Soleil, et en général pour les planètes et les autres corps du monde solaire, la détermination des parallaxes et des distances devient une question beaucoup plus compliquée et difficile ; non pas en principe, puisqu'il s'agit toujours de déterminer l'angle sous lequel serait vu le rayon de l'équateur de notre globe, mais dans la pratique, parce que les distances sont si considérables que cet angle est d'une extrême petitesse, et les causes d'erreur très-nombreuses.

En un mot, la base du triangle est déjà pour les distances des astres de notre système, une ligne d'une petitesse telle, qu'elle ne soustend plus qu'un angle de quelques secondes; pour le Soleil, il a fallu renoncer à la mesurer directement; on s'est servi, comme d'intermédiaire, des planètes telles que Vénus et Mars, parce que dans certaines circonstances ces planètes sont notablement plus rapprochées de la Terre que le Soleil. On est ainsi parvenu à connaître avec une certaine approximation la parallaxe de notre étoile centrale, et l'on en conclut pour la moyenne distance du Soleil à la Terre environ 23 300 rayons équatoriaux.

§ 2. — Mesure des distances des étoiles; parallaxe annuelle.

Il me reste maintenant à faire voir par quelles méthodes, on est arrivé à calculer la distance des astres situés en dehors de notre monde solaire, du moins de quelques-unes de celles qui en sont le plus rapprochées.

C'est toujours par une sorte de triangulation qu'on y est parvenu. Seulement la base du triangle ne pouvait plus être ni le rayon ni même le diamètre de la Terre. Déjà nous savons que l'angle sous lequel on voit, du Soleil, les dimensions de notre sphéroïde, est d'une petitesse extrême, et il a fallu toute la précision des données astronomiques modernes sur les mouvements planétaires pour obtenir un résultat positif. Mais la distance des étoiles est si considérable, qu'il eût été absolument illusoire de choisir la base des opérations à la surface de la Terre : dès les premières tentatives, les astronomes reconnurent que toute parallaxe stellaire relative au rayon de notre globe, était absolument nulle. Il fallut donc choisir une autre base, une autre unité de longueur. Les astronomes songèrent tout d'abord à la distance qui sépare la Terre du Soleil, même avant que cette distance fût elle-même directement calculée, de sorte que la question se trouva posée en ces termes :

Combien la distance d'une étoile à la Terre vaut-elle de fois la distance de la Terre au Soleil ?

Voyons de quelle manière on a pu utiliser cette base immense qui, nous le savons, vaut environ 23 200 fois le rayon terrestre équatorial. Prenons pour exemple une comparaison familière.

Imaginons un observateur placé au centre d'une plaine. Devant lui, à l'horizon, s'élève une tour, dont le sommet paraît à une certaine hauteur au dessus de la surface du sol. N'est-il pas évident que cette hauteur apparente du sommet de la tour dépend de la distance où s'est trouvé l'observateur ? N'est-il pas vrai que cette hauteur augmentera, s'il marche de manière à se rapprocher de l'objet ; qu'elle diminuera, au contraire, s'il s'en éloigne ? C'est un fait d'observation qu'il est facile à chacun de constater.

Qu'on examine le paysage représenté dans la figure 17. Quand l'observateur est en B, son rayon visuel fait paraître le sommet de la tour en *b* sur le fond du paysage, sur le ciel, je suppose. S'il se meut de B en A, en s'approchant de la tour, le nouveau rayon visuel AS sera moins incliné que le premier, de sorte que le sommet de l'édifice aura paru s'élever graduellement de *b* vers *a*. De combien? On le voit sur la figure : d'une quantité angulaire précisément égale à l'angle sous lequel un œil, placé en S, ver-

Fig. 17. — Variation apparente dans la hauteur d'un objet, pour un observateur qui s'en approche ou s'en éloigne.

rait la base AB, c'est-à-dire la longueur de la ligne qui mesure le déplacement de l'observateur.

Eh bien, la plaine horizontale, c'est le plan de l'orbite terrestre ; le sommet de la tour, c'est l'étoile dont il s'agit de mesurer la distance ; sa hauteur angulaire au-dessus du plan, c'est ce que les astronomes appellent la latitude de l'étoile. La distance parcourue AB, ce sera, par exemple, celle que nous franchissons dans le ciel en six mois, et qui, mesurée en ligne droite, n'est pas moindre de 74 millions de lieues. Le déplacement apparent *b a* n'est donc autre chose que la *parallaxe annuelle* de l'étoile, rapportée au diamètre de l'orbite de la Terre ; c'est le double de la parallaxe de l'étoile, si l'on prend pour base le rayon de cette orbite, la distance de la Terre au Soleil [1].

Toute la question revient donc à savoir si la latitude de l'étoile augmente sensiblement, quand la Terre passe de la première à la seconde position, et, au cas où cette augmentation est reconnue, quelle en est la valeur précise.

De nombreuses et minutieuses observations, répétées sur un grand nombre d'étoiles, n'ont donné d'abord, pour la variation en latitude, aucun résultat appréciable. En un mot, il a été impossible de constater un accroissement d'une *seconde* d'arc. Ainsi l'angle visuel sous lequel on doit voir, de l'une de ces étoiles, l'énorme distance de 74 millions de lieues, est presque nul.

Or, un calcul trigonométrique très-simple montre que, pour qu'une longueur déterminée, vue de face, un mètre par exemple, se réduise à n'apparaître plus que sous un angle aussi petit qu'un angle d'une seconde, il faut l'éloigner de l'œil de 206 265 fois la longueur du mètre.

Il résulta donc de cette première tentative, que les

1. Si l'étoile se trouve précisément dans le plan de l'écliptique, elle n'a pas de parallaxe en latitude ; mais alors on peut tout aussi bien considérer les variations en longitude qui résultent du mouvement de la Terre. En réalité, ce qu'on observe dans tous les cas, ce sont les variations en ascension droite et en déclinaison, et on en déduit, par le calcul, les parallaxes de longitude et de latitude.

étoiles étaient éloignées de nous d'une distance au moins égale à 206 265 fois la distance de la Terre au Soleil, en nombres ronds à 206 000 fois 74 millions de lieues. Imaginons dans l'espace une sphère ayant la Terre pour centre, et, pour rayon, cette effroyable distance : aucune des étoiles visibles n'est certainement contenue à l'intérieur de cette sphère ; toutes sont situées par delà cette surface.

Quelque intéressante que fût cette première donnée sur les dimensions du ciel, ce n'était qu'un résultat négatif. Mais les astronomes ne se tinrent pas pour battus. Ils perfectionnèrent cette première méthode ; ils en imaginèrent une seconde, plus délicate encore que la première, et cette fois leurs efforts furent couronnés de succès. Au point où nous en sommes, on me pardonnera de tenter encore l'explication du moyen nouveau.

Revenons à notre observateur. La première opération, par hypothèse, ne lui a point permis de reconnaître un accroissement appréciable dans la hauteur de la tour au-dessus de la plaine, circonstance qui a tenu à la petitesse de son déplacement, comparé à la distance de l'objet observé. Cependant cet accroissement, quelque faible qu'on le suppose, a eu réellement lieu. Comment l'appréciera-t-il ? Le voici.

Au lieu de ne viser que le sommet de la tour, il en comparera la position avec un point voisin, du moins en apparence ; puis il recommencera sa marche. Qu'arrivera-t-il alors ? De deux choses l'une : ou bien les deux points observés sont à peu près à la même distance de l'observateur, ou, au contraire, le second est à une distance beaucoup plus grande que l'autre.

Dans le premier cas, la variation de hauteur sera

presque la même pour tous les deux, et la méthode ne réussira point. Dans le second cas le sommet de la tour s'élevant beaucoup plus que l'autre point, leur distance réciproque variera. Or, d'une part, il est plus aisé de mesurer une variation dont le champ est très-limité, que celle d'une quantité relativement considérable, c'est-à-dire de la hauteur ou de la latitude de l'étoile. D'autre part, les petits mouvements apparents dus à différentes causes, et les erreurs inévitables des observations et des instruments, affectent de la même manière les deux points observés, et dès lors deviennent négligeables. Tel est l'esprit de la seconde méthode employée par les astronomes, et dont la réussite a permis de connaître avec une grande exactitude la distance où nous sommes d'un certain nombre d'étoiles.

Comparant avec un soin extrême, et pendant plusieurs années de suite, les positions apparentes de plusieurs couples d'étoiles très-voisines, ils ont pu en déduire l'angle visuel qui, de la plus rapprochée des deux, embrasse le diamètre entier de l'orbite de la Terre.

Telles sont, sous leur forme la plus élémentaire, les méthodes employées par les astronomes pour mesurer les distances célestes. Si, par les explications très-incomplètes, et d'ailleurs très-élémentaires, qui précèdent, j'ai réussi à convaincre mes lecteurs de la légitimité des résultats, à dissiper les doutes que pouvaient concevoir quelques-uns d'entre eux sur la possibilité de la solution de ce grand problème des distances, mon but est atteint. Mais il faut qu'on sache bien que si les méthodes sont aisées à comprendre dans leur esprit ou dans leur principe, elles sont, dans la pratique, d'un emploi difficile : toutes les ressources des sciences mathématiques, toutes les données astronomiques les plus précises, recueillies patiemment pendant des siècles, toute la perfection des instruments de mesure, ont été indispensables pour arriver à des solutions exactes. Je n'ai rien dit du talent d'observation, de la sagacité, quelquefois du génie, des savants qui les ont mises en œuvre.

Donnons maintenant, en quelques lignes, une idée de la complexité du problème qui consiste à déterminer la parallaxe annuelle d'une étoile. On vient de voir que le déplacement périodique de la Terre le long de son orbite donne lieu à un mouvement apparent de l'étoile considérée, qui affecte à la fois sa latitude et sa longitude ; de sorte qu'elle doit paraître décrire dans ce temps une ellipse dont les dimensions dépendent de sa distance : c'est ce qu'on nomme l'ellipse *parallactique*. Mais pour démêler ce qui appartient à ce mouvement des autres déplacements apparents ou réels qui affectent la position de l'étoile, il faut des mesures assidues, faites dans les conditions les meilleures, avec les instruments les plus précis ; il faut, en outre, que la faible quantité angulaire qu'il s'agit de trouver ne soit pas plus faible que les erreurs mêmes des observations. Or voici une idée des corrections qu'on doit faire tout d'abord.

Les positions des étoiles sont affectées par la précession et par la nutation luni-solaires, dues, comme on le sait, au déplacement périodique du plan de l'équateur ou de l'axe de rotation de la Terre. De là, une première correction qui, à la vérité, est la même pour deux étoiles très-voisines et par suite n'est pas indispensable, si l'on emploie la seconde des méthodes que nous avons indiquée. Une étoile n'est pas vue dans la direction de la ligne qui la joint à l'œil de l'observateur, et cela pour deux raisons principales : la première est due à la propriété qu'a la lumière de se réfracter en traversant des milieux de densités différentes. La présence de l'atmosphère donne lieu au phénomène de la réfraction qui relève les étoiles et tous les objets célestes au-dessus de l'horizon d'un lieu, diminuant d'autant plus leurs distances au zénith qu'ils se trouvent à une moindre hauteur sur l'horizon, c'est-à-dire que leurs rayons de lumière ont à traverser des couches d'air plus étendues et plus denses. La seconde cause qui altère la position vraie d'une étoile consiste en une autre propriété de la lumière. Si les ondes lumineuses se propageaient instantanément ou avec une vitesse infinie, le point lumineux stellaire serait vu dans la direction même de la ligne droite qui joint l'étoile à l'œil, si du moins l'on faisait abstraction de la réfraction atmosphérique. Mais il n'en est pas ainsi : quelque grande que soit la vitesse de propagation des ondes lumineuses, leur vitesse n'est pas infinie relativement à celle du mouvement de translation de la Terre. Pendant le temps qu'elles mettent à traverser une portion de l'atmosphère pour arriver au foyer de la lunette avec laquelle on observe l'étoile, la Terre se déplace, et il en résulte un déplacement apparent qui, ne dépendant plus des distances des étoiles, mais seulement de leurs positions relativement à la Terre, atteint la même valeur totale en une année : c'est ce qu'on nomme l'*aberration*.

Il y a encore un autre mouvement apparent des étoiles qui nécessite une correction pour déterminer leurs positions vraies : c'est celui que produit la translation du système solaire. Enfin, chaque étoile se déplace elle-même en réalité dans l'espace avec une vitesse apparente plus ou moins grande qui dépend de sa vitesse réelle, de sa distance et de la direction de son mouvement.

Quelques-unes des corrections que nous venons d'énumérer sont déterminées avec une grande précision : d'autres sont beaucoup plus incertaines. C'est seulement après avoir fait la part de toutes ces causes d'erreur que, s'il reste un résidu, l'astronome peut le considérer comme exprimant la parallaxe annuelle de l'étoile, et qu'après une discussion minutieuse des observations et de leurs valeurs propres, il en peut déduire un nombre approché pour la distance de l'étoile à la Terre.

On ne sera donc pas plus étonné du petit nombre des parallaxes calculées, que de l'incertitude dont quelques-unes sont encore affectées.

§ 3. — Aberration de la lumière.

Terminons ce chapitre sur les distances des corps célestes par quelques développements relatifs au phénomène énoncé plus haut et connu sous le nom d'aberration de la lumière. C'est à Bradley, l'astronome qui a découvert la nutation, qu'on doit aussi la découverte de l'aberration. L'objet que se proposait d'abord Bradley était précisément de déterminer la parallaxe annuelle des étoiles. Il avait entrepris, vers la fin de 1725, d'observer les distances zénithales de l'étoile la plus brillante du Dragon, et il ne tarda pas à reconnaître dans cet astre des mouvements qu'il attribua d'abord aux erreurs d'observation ; mais la persistance et la régularité de ces mouvements ne lui laissèrent bientôt aucun doute sur leur réalité. Seulement, ce qui le surprit beaucoup, c'est qu'ils avaient lieu en sens contraire du déplacement qu'aurait dû produire une parallaxe annuelle. Il accumula des observations nouvelles, et, après les avoir discutées, il reconnut que les mouvements constatés ne pouvaient avoir d'autre cause que la combinaison du mouvement de la lumière et du mouvement annuel de la Terre dans son orbite. Bradley avait vu, en effet, que chaque étoile semble décrire en une année une courbe elliptique, dont le grand axe, parallèle au plan de l'orbite terrestre, avait invariablement une valeur angulaire d'un peu plus de 40″. Plus l'étoile considérée était voisine du pôle de l'écliptique, plus l'ellipse qu'elle décrivait annuellement se rapprochait de la forme du cercle. Au contraire, plus l'étoile était voisine de l'écliptique, c'est-à-dire moins sa latitude céleste était grande, plus il trouva son ellipse aplatie, de sorte que cette ellipse se serait réduite à une ligne droite pour une étoile située précisément dans le plan de l'orbite de la Terre. Bradley reconnut en outre que tous les petits axes des ellipses étaient dirigés vers le pôle de l'écliptique. Enfin, en examinant la position occupée par l'étoile sur son orbite apparente, il trouva qu'elle était constamment de 90 degrés en arrière de celle que la Terre occupait au même instant sur la sienne.

Toutes ces circonstances réunies lui démontrèrent que ce phénomène ne pouvait être dû à la parallaxe ou à la distance ; car alors les longueurs des axes des ellipses décrites, au lieu d'être toutes égales, auraient dû varier en raison inverse des distances des étoiles. De plus, l'étoile, au lieu d'être en retard de 90 degrés sur son ellipse apparente, aurait dû être au contraire toujours en avance de 180 degrés.

Voici comment on rend compte de tous ces phénomènes.

On sait aujourd'hui que la lumière se meut avec une vitesse de 298 000 kilomètres par seconde, tandis que la Terre parcourt dans le même temps 29k,8 environ. Il en résulte que la vitesse de translation de notre planète est à fort peu de chose près 10 000 fois moindre que celle d'un rayon lumineux. Quelque petit que soit le rapport de ces deux vitesses, il est assez grand pour qu'il en résulte une altération dans la direction que nous attribuons à un rayon lumineux déterminé au moment où il pénètre dans notre œil.

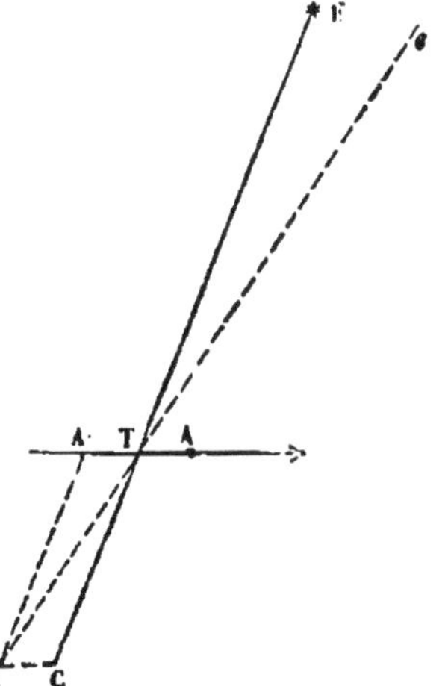

Fig. 18. — Aberration. — Déviation causée par la combinaison du mouvement de la lumière et du mouvement de translation de la Terre.

En effet, si l'œil d'un observateur qui regarde une étoile E à la station T était immobile (fig. 18), il verrait le point lumineux dans la direction réelle de la route suivie par les rayons de lumière qui en émanent à tout instant, c'est-à-dire dans la direction TE ; mais il n'en est rien, l'œil se meut et la direction de son mouvement est, à tout moment, celle de la tangente TA à l'orbite de la Terre. Ce mouvement se combine avec celui des molécules lumineuses, et les choses se passent évidemment de la même manière que si, l'œil restant immobile, le rayon de lumière était animé d'un mouvement TA′ égal et contraire à celui de la Terre.

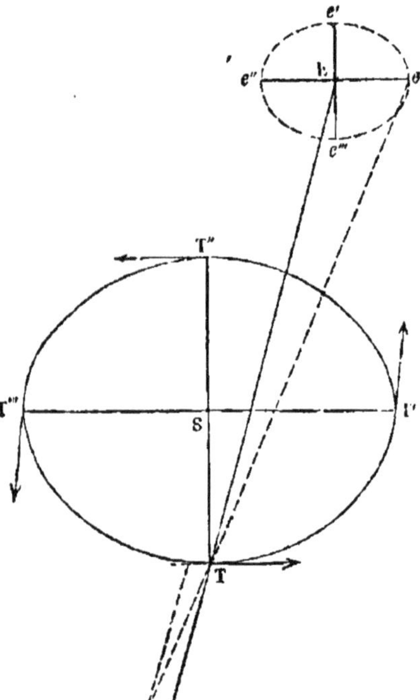

Fig. 19. — Ellipse annuelle décrite par une étoile en vertu de l'aberration.

Il faut donc, selon les règles de la mécanique, pour obtenir la direction suivant laquelle l'œil voit l'étoile, construire un parallélogramme TCBA′, dont les côtés TC et TA′ sont dans le rapport des nombres 10 000 et 1, c'est-à-dire des vitesses de la lumière et de la Terre. La diagonale BT*e* indiquera la direction de la position apparente de l'étoile, et l'angle ET *e* sera ce qu'on nomme l'angle d'*aberration*.

Or, si l'on fait une construction analogue pour chaque position de la Terre sur son orbite, TT'T''T''' (fig. 19), on trouve que l'étoile E paraît occuper les positions *ee'e''e'''* sur une courbe semblable à l'orbite terrestre, c'est-à-dire à peu de chose près sur un cercle. dont le plan est parallèle à l'écliptique. Ce cercle se projette sur la sphère céleste suivant une ellipse dont le demi-grand axe est constamment égal à 20''45 et dont le petit axe est d'autant plus petit, que la latitude de l'étoile est plus faible. Ce nombre est celui qu'on nomme la *constante* de l'aberration, et la valeur que nous venons de transcrire est celle qui résulte des déterminations les plus récentes.

Un phénomène que chacun peut observer, rend parfaitement compte de l'aberration de la lumière, et de la déviation apparente des rayons lumineux

Fig. 20. — Phénomène analogue à celui de l'aberration : direction inclinée apparente des gouttes de pluie dans un wagon en marche.

provenant de la combinaison de leur vitesse avec celle de la lumière dans son orbite. Si l'on observe en wagon, par la fenêtre de la portière, les gouttes d'une pluie qui tombe verticalement, la direction de ces gouttes variera selon que le wagon est en repos ou qu'il se meut avec plus ou moins de rapidité. Si le wagon est immobile, toutes les gouttes de pluie paraîtront se mouvoir dans leur direction réelle, c'est-à-dire verticalement. Mais si le train est en marche, et si, pendant que la goutte *a* se meut de *a* en *b*, la fenêtre s'avance de la position *m n* à la position *m'n'*, le point *b* se trouvera à la fin de sa chute vers l'angle *m'* de la fenêtre, de sorte que la goutte aura paru suivre la direction *a'b*. Sa trace sur la vitre restera marquée selon cette direction. Pour le voyageur, la pluie semble tomber obliquement, et l'obliquité sera d'autant plus forte que la vitesse du wagon sera plus considérable.

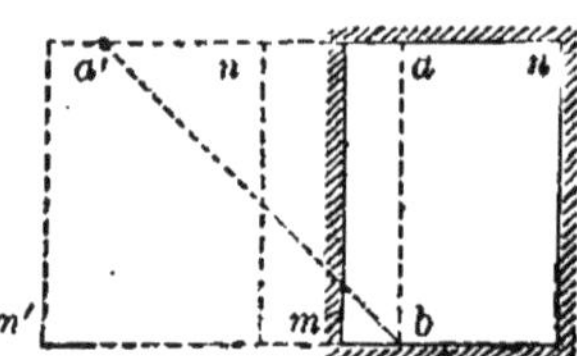

Fig. 21. — Déviation apparente des gouttes de pluie; explication.

L'aberration est un phénomène commun à tous les astres : elle affecte la longitude du Soleil de la quantité constante 20''45. Quant aux autres planètes, l'aberration est produite à la fois par le mouvement de la Terre et par leur mouvement propre, et il en résulte pour l'angle d'aberration une valeur qui dépend de la position de l'astre sur son orbite [1].

1. Puisque la constante de l'aberration donne le rapport qui existe entre la vitesse de propagation de la lumière et la vitesse moyenne de translation de la Terre, il est clair que si l'on parvient à connaître exactement l'une de ces vitesses, l'autre en sera une conséquence. Par les éclipses des satellites de Jupiter, on a pu calculer, comme on sait, le temps qu'un rayon de lumière met à franchir une distance égale au diamètre moyen de l'orbite de la Terre. Pour conclure de là la vitesse réelle de la lumière, il fallait me-

§ 4. — Anciennes conjectures sur les distances des étoiles. Première tentative de mesure.

Les anciens n'avaient et ne pouvaient avoir aucune notion un peu précise sur la distance des étoiles. Et en effet, dans l'hypothèse de l'immobilité de la Terre au centre du monde, une seule méthode eût été à leur disposition pour déterminer cette distance, celle qui consiste à prendre pour base du triangle aboutissant à une étoile quelconque, une distance terrestre, par exemple le diamètre de notre globe. C'est la méthode qui leur réussit pour trouver approximativement la distance de la Lune; mais l'imperfection des moyens de mesure ne leur permit déjà plus de l'appliquer à la distance du Soleil, et elle devenait illusoire pour celle des étoiles.

Quand Copernic eut découvert et démontré le mouvement annuel de la Terre, la question changea

surer ce diamètre, et c'est ce qu'on a fait approximativement au dernier siècle en observant les passages de Vénus et plus récemment par diverses autres méthodes. Mais, en même temps, on obtenait la vitesse moyenne de translation de la Terre, et le rapport des deux vitesses se trouvait à peu de chose près égal à 10,000, c'est-à-dire au nombre déduit de la constante de l'aberration.

En prenant le problème en sens inverse, on peut déterminer la parallaxe du Soleil. En effet, M. Léon Foucault ayant mesuré directement, à la surface de la Terre, la vitesse de la lumière, et l'ayant trouvée égale à 298,000 kil. par seconde, il en résulte que la vitesse de la Terre, 10,000 fois moindre d'après l'aberration, est, par seconde, d'environ 29 k., 8. Ce dernier nombre donne aisément, en le multipliant par le nombre de secondes d'une année sidérale, la longueur de l'orbite terrestre; et, l'excentricité de celle-ci étant connue, on en déduit la longueur du grand axe. La moitié de cette longueur est précisément égale à la distance moyenne de la planète au Soleil.

de face. La base du triangle se trouva agrandie dans le rapport du rayon de la Terre au rayon de son orbite. L'immensité du déplacement de l'observateur, passant d'un point de la courbe au point diamétralement opposé, devait produire, dans les positions apparentes des étoiles, soit en longitude, soit en latitude, des différences qu'il ne s'agissait plus que de mesurer avec précision. Le problème avait à cette époque un intérêt d'autant plus grand, qu'une solution favorable eût été un témoignage de plus de la réalité du mouvement de translation de la Terre et de la vérité des idées astronomiques nouvelles.

Malheureusement, comme nous l'avons déjà dit plus haut, toutes les mesures prises ne donnèrent d'abord aucun résultat. Copernic trouva une parallaxe inférieure aux erreurs des observations de son temps. Rothman, Hook, et plus tard J. Cassini obtinrent au contraire des résultats évidemment exagérés. C'est que les variations cherchées restaient masquées encore par les mouvements apparents alors inconnus, tels que ceux dus à l'aberration de la lumière et à la nutation : cette remarque s'applique aux tentatives de Picard, d'Horrebow, de Flamsteed. Plusieurs astronomes comparèrent les positions d'étoiles très-voisines et d'inégal éclat, mais sans résultat, parce qu'ils étaient tombés sur des étoiles formant systèmes, et par suite à peu près également distantes du Soleil.

Les mesures directes furent donc infructueuses, et l'on aborda le problème par d'autres voies. Il faut citer en premier lieu une conjecture de Képler, qui, ayant trouvé que la distance de Saturne est égale à environ 2000 rayons du globe du Soleil, s'imagina qu'une loi d'harmonie céleste devait pareillement donner 2000 rayons de l'orbite de Saturne pour la distance des étoiles fixes, soit 4 millions de rayons solaires[1]. Huygens, qui avait trouvé insensible la parallaxe de Mizar (Grande Ourse) en comparant cette étoile avec sa voisine Alcor, employa une autre méthode pour évaluer celle de Sirius ; il compara photométriquement l'éclat de Sirius à la lumière du Soleil, et en conclut que sa distance, qu'on sait aujourd'hui beaucoup plus considérable, égale 28 000 rayons de l'orbite terrestre. Chéseaux trouva de la même façon 20 000 rayons. Lambert, Mitchell, par des procédés semblables appliqués à Mars et à Saturne, dont ils avaient comparé l'éclat à Sirius, obtinrent des nombres différant peu de ceux qu'on a eus depuis directement, et correspondant à des parallaxes de 1″ ou de 0″5 au maximum ; Lambert pensait que les étoiles de première grandeur sont plus éloignées du Soleil que 425 000 fois le rayon de l'orbite de la Terre.

En 1781, Herschel s'attaqua au problème si difficile, si délicat, de la détermination des distances stellaires par la méthode différentielle, la seconde que nous avons décrite, celle qui consiste à comparer les variations annuelles de position de deux

1. C'est évidemment là une rêverie du grand astronome. Il est curieux néanmoins de reconnaître qu'en appliquant à Neptune le calcul que Képler avait fait pour Saturne, on tombe sur un nombre qui ne diffère pas beaucoup de la distance des étoiles de première grandeur les plus rapprochées de nous. Cette dernière distance, évaluée en rayons de l'orbite de Neptune, donne à peu près 6,700; or, la distance de Neptune équivaut à 6,400 rayons solaires.

étoiles en apparence très-voisines, méthode déjà indiquée par Galilée, Gregory et Huygens, et appliquée pour la première fois, mais sans succès, par le Dr Long. Herschel trouva une parallaxe insensible.

Ainsi, malgré les progrès de l'astronomie théorique et pratique, qui du temps de Bradley permettaient déjà d'observer avec une précision de 1″ d'arc, les distances des étoiles échappaient aux tentatives de mesure. Non-seulement le rayon de notre globe s'évanouissait comme un point mathématique devant l'immensité de ces distances, mais la nouvelle unité choisie, près de 24 000 fois aussi grande que ce rayon, paraissait nulle elle-même en comparaison de la longueur des lignes joignant notre Soleil aux étoiles qu'on pouvait supposer les plus rapprochées.

Dans cette première période des recherches relatives aux parallaxes stellaires, on n'obtint donc qu'une limite inférieure de la distance : tout ce qu'on put dire, c'est qu'aucune étoile n'était à une distance inférieure à 206 165 fois la distance du Soleil à la Terre. Il restait à trouver une limite supérieure, et cette solution était réservée à notre siècle.

§ 5. — Parallaxes mesurées. — Distance de quelques étoiles.

On s'était d'abord occupé, comme il semblait naturel, des étoiles de première grandeur : Wéga, Sirius, Aldébaran, Procyon, les plus brillantes étoiles de notre ciel, devaient, pensait-on, être les plus voisines. Or, la première détermination positive eut, au contraire, pour objet une étoile à peine visible à l'œil nu, une étoile de 6e grandeur, de la contellation du Cygne, marquée dans les catalogues célestes du n° 61, et aujourd'hui célèbre dans la science. C'est à l'illustre Bessel (1837-1840) que revient l'honneur de cette importante détermination.

La parallaxe de la 61e du Cygne dépasse un peu le tiers d'une seconde (0''.374). Cela revient à dire que la distance de cette étoile au Soleil est égale à 551 000 fois le rayon de l'orbite terrestre, ou bien à 81 000 milliards de kilomètres. Comment se représenter une telle distance, quelle imagination serait assez puissante pour se la figurer ? En vain l'esprit entasse ligne sur ligne, nombre sur nombre, jamais il n'arrive à combler l'immensité de l'abîme que mesure cette simple fraction décimale 0''.374, que représentent les 14 chiffres qui en donnent la traduction en kilomètres. Nous n'avons qu'un moyen de nous faire une idée approchée, non de telles distances elles-mêmes, mais de leur effrayante grandeur; ce moyen, que nous employerons souvent, consiste à associer au sens de la vue celui de la perception du temps. Prenons donc pour unité l'espace que franchit la lumière, non plus en 1 seconde, ni en 1 heure, ni même en 1 jour, mais en 1 année, et demandons-nous depuis quel temps est en route le rayon lumineux qui frappe notre rétine, lorsque, par exemple, nous jetons le regard sur la 61e étoile du Cygne. Un calcul simple donne pour ce temps, 8 années et 7 mois. Après le premier jour de son voyage, l'onde lumineuse a déjà parcouru six fois environ la distance du Soleil à Neptune: elle n'est cependant encore qu'à la trois-millième partie du chemin, qui exige 3140 jours, 3140 étapes pareilles, pour être complétement terminé.

La seconde étoile dont la parallaxe ait été mesurée et la distance calculée, est Alpha (α), la plus brillante de la constellation australe du Centaure. Sa parallaxe approche de 1'' (0''.913 d'après Henderson et Maclear, [1832. 1839]; 0''.88 d'après Mœsta, [1867]). C'est la plus grande des parallaxes jusqu'ici déterminées : en d'autres termes, Alpha du Centaure est probablement l'étoile la plus voisine du système solaire.

Voici le tableau des principales distances ou parallaxes mesurées :

NOMS DES ÉTOILES.	Parallaxes mesurées.	DISTANCES ÉVALUÉES en rayons de l'orbite terrestre.	DISTANCES ÉVALUÉES en milliards de kilomètres.	DISTANCES ÉVALUÉES en années de la lumière.	AUTORITÉS.
α Centaure. . . .	0''.193	225 970	33 400	ans. 3.5	Henderson et Mac-Lear.
61e Cygne	0 .374	550 920	82 000	8.7	Bessel. Peters.
σ Dragon.	0 .250	825 200	120 500	12.8	Brünnow.
α Lyre.	0 .155	1 332 100	197 850	21.0	O. Struve.
Sirius.	0 .150	1 375 000	202 000	21.3	Henderson. Peters.
ι Grande Ourse . .	0 .133	1 550 000	229 500	24.4	Peters.
Arcturus..	0 .127	1 628 000	241 000	25.5	Id.
Polaire	0 .106	1 946 600	288 000	30.6	Id.
3077 Bradley . . .	0 .070	2 946 000	437 500	45.6	Brünnow.
1830e Groombridge[1]	0 .226	912 000	135 000	14.4	Peters.
	0 .090	2 292 000	340 350	35.5	Brünnow.
	0 .034	6 080 000	902 900	96.0	O. Struve.
Chèvre	0 .046	4 484 000	663 000	70.5	Peters.
85 Pégase.	0 .050	4 125 000	612 500	63.9	Brünnow.

1. Nous donnons ici trois valeurs de la parallaxe de cette étoile, valeurs bien différentes les unes des autres, comme

Les astronomes se sont attaqués à d'autres étoiles de première grandeur : Sirius, la Chèvre, Wéga de la Lyre, Arcturus ont été l'objet de leurs recherches, et ils ont réussi à déterminer approximativement leurs distances. Il faut citer aussi la *Polaire*, qui n'est que de seconde grandeur, et une petite étoile de 7e grandeur, marquée du n° 1830 dans le catalogue de Groombridge, que la rapidité de son mouvement propre avait désignée comme probablement assez voisine de notre système, et qui cependant, paraît avoir une très-petite parallaxe. Nous donnons ci-dessus le tableau des parallaxes, des distances des étoiles mesurées en rayons de l'orbite terrestre, calculées en milliards de kilomètres, et enfin évaluées au moyen du temps que la lumière met à venir de chaque étoile au Soleil ou à la Terre.

on voit, parce que nous ne sachions pas que la discussion les ait pu ramener à une valeur moyenne. Au contraire, les parallaxes des sept étoiles qui précèdent et aussi celle de la Chèvre sont, pour les quatre premières et la Polaire, les moyennes déduites de la discussion et de la comparaison des mesures effectuées par divers astronomes, et pour la Chèvre, Arcturus et « Grande Ourse, celles trouvées par Peters, qui les a seul calculées. Trois des parallaxes du tableau ont été nouvellement déterminées par M. Brünnow. Les nombres du tableau, bien qu'exprimés en millièmes de seconde, ne sont pas pour cela calculés avec cette précision ; il faudrait, à chaque détermination, joindre les erreurs probables, qui atteignent assez souvent le chiffre des dixièmes. Il y a aussi à faire une distinction entre ce qu'on nomme les parallaxes *absolues*, trouvées par l'étude des variations en latitude, et les parallaxes *relatives*, obtenues par la comparaison des positions de l'étoile avec celles d'une étoile voisine, que l'on considère provisoirement comme située à une distance infinie. Il est aisé de comprendre que ces dernières parallaxes ne donnent qu'une limite inférieure des distances.

En consultant ce tableau, on voit qu'il ne faut pas moins de trois années à la lumière pour franchir la distance qui nous sépare de l'étoile la plus proche de nous. De Wéga, de l'étincelant Sirius, la lumière met plus de vingt ans à nous parvenir; de la Polaire, il lui faut près d'un tiers de siècle. Enfin, pour traverser l'espace qui sépare la Chèvre du monde où nous vivons, ou si l'on veut, pour franchir 165 800 milliards de lieues, c'est 70 ans et demi qu'il faut à ce courrier si étonnamment rapide : la vie tout entière d'un homme ! Voulons-nous nous faire, à un autre point de vue, une idée de ces distances ? Supposons-nous placé à l'une des extrémités de la ligne qui joint notre Soleil à l'étoile Alpha du Centaure. De ce point, le rayon tout entier de l'orbite terrestre sera caché par un fil d'un millimètre de diamètre, reculé à une distance de deux cents mètres de notre œil; autrement dit, une ligne de trente-sept millions de lieues, vue de face à cette distance, n'apparaît plus que comme un point imperceptible.

§ 6. — Distances moyennes des étoiles des divers ordres de grandeur.

En nous bornant aux nombres qui précèdent, nous voyons que c'est une étoile de première grandeur, qui marque la limite inférieure des distances stellaires. Quatre autres étoiles du même ordre s'enfoncent à des distances beaucoup plus grandes dans l'espace, 6, 7 et même 20 fois aussi considérables. On pourrait en déduire une moyenne pour la distance des étoiles de cette grandeur, et l'on trouverait près de 3 millions de l'orbite terrestre, correspondant à la parallaxe 0''. 114; en laissant de côté la Chèvre, comme ayant une distance exceptionnellement grande, on aurait encore plus de 1 million de rayons, avec la parallaxe moyenne 0''.182. Mais on comprend que le nombre des données est trop petit, pour qu'on puisse regarder ces résultats même comme approchés.

Il n'est pas douteux que, s'il était possible de multiplier ces mesures délicates, en les appliquant à des étoiles de même grandeur apparente, on arriverait à déterminer les moyennes distances des étoiles des divers ordres. Mais, aux mesures directes, encore trop peu nombreuses et dès lors insuffisantes, on a suppléé par des considérations spéculatives, qui ont un haut degré de probabilité.

W. Herschel est entré, le premier, dans cette voie; dans ses recherches, il s'est appuyé sur la loi physique de la décroissance de l'intensité lumineuse proportionnelle aux carrés des distances, loi d'après laquelle une étoile qui s'éloignerait aux distances successives 2, 3, 4, 5.... deviendrait 4, 9, 16, 25.... fois moins brillante. Considérant en outre la totalité des étoiles visibles à l'œil nu, ou perceptibles à l'aide des télescopes, comme étant uniformément réparties dans l'espace sous le rapport de l'éclat intrinsèque, il en tira la conséquence, qu'en moyenne, les étoiles des divers ordres de grandeur ne sont inégales en éclat que par le fait des inégalités de leurs distances à notre système : du rapport entre les intensités lumineuses de deux étoiles d'un ordre quelconque, il put donc déduire le rapport de leurs distances.

Prenant enfin pour unité la moyenne distance des étoiles de première grandeur, et se basant sur les expériences de photométrie comparatives qu'il fit sur un grand nombre d'étoiles, depuis Sirius, Wéga et la Chèvre, jusqu'aux dernières étoiles visibles à l'œil nu, l'illustre astronome formula ainsi ses vues sur les distances stellaires :

« Les étoiles de 6e grandeur sont 12 fois plus éloignées que les étoiles de première grandeur : en d'autres termes, une étoile de première grandeur, Arcturus si l'on veut, reculée dans l'espace à 12 fois sa distance actuelle, serait encore visible à l'œil nu. Telle est la portée de la vue simple.

« Le télescope de 20 pieds (employé par Herschel, pour ses jauges célestes), pénètre dans l'espace à une distance 61 fois aussi grande que l'œil nu; il atteint des étoiles 734 fois aussi éloignées que les étoiles de première grandeur. Avec la vue de front « front-view » le même instrument a une pénétration égale à 75, et montre des étoiles distantes de 900 unités.

« Enfin, le grand télescope de 40 pieds (celui à l'aide duquel il découvrit les 6e et 7e satellites de Saturne), a un pouvoir égal à 195, c'est-à-dire pénètre dans l'espace jusqu'à une distance de 2300 unités [1]. »

Des recherches analogues ont été entreprises par

1. Ces nombres supposent que la lumière des étoiles ne subit aucune extinction dans son passage au travers des espaces célestes. Les recherches de W. Struve, dont nous parlons plus bas, montrent qu'une telle extinction existe en effet, qu'elle affaiblit l'éclat de 0.01 pour une distance égale à celle des étoiles de 1re grandeur, de 0.08 pour celles de 6e, de 0.88 pour les dernières étoiles visibles dans le télescope de 20 pieds.

W. Struve. Voici les résultats qu'a obtenus ce savant astronome, en appliquant les principes posés plus haut à l'examen des dénombrements d'étoiles de diverses grandeurs, provenant soit des jauges d'Herschel, soit des catalogues d'Argelander et de Bessel. Ayant fait la remarque, que les nombres auxquels il parvient, sont moins forts que ceux d'Herschel, et que ceux-ci sont basés sur l'hypothèse que la lumière des étoiles ne subit aucune extinction en traversant l'espace, Struve en conclut que cette hypothèse n'est pas exacte; il fut ainsi conduit à admettre, conformément aux vues de Chéseaux et d'Olbers, qu'une telle perte de lumière existe réellement. En un mot, l'intensité des lumières stellaires décroît plus rapidement que ne l'indique la loi du rapport inverse des carrés des distances. Struve parvient ainsi, en se basant uniquement sur l'observation, sans employer, comme il le dit avec raison, aucune hypothèse arbitraire, à établir les distances moyennes relatives des étoiles des divers ordres d'éclat. Il formule ainsi lui-même les principales conclusions de son travail :

« Les dernières étoiles visibles à l'œil nu (catal. d'Argelander) sont à une distance qui est presque 9 fois (8.8726) la distance moyenne des étoiles de première grandeur;

« Les dernières étoiles de 9e grandeur, observées par Bessel dans ses zones, sont à la distance de 37.73 unités, ou 4.25 fois aussi éloignées que les dernières étoiles visibles à l'œil nu;

« Enfin, les plus petites étoiles qu'Herschel a observées à l'aide de son télescope de 20 pieds sont à une distance de 227.8 unités, ou 25.67 fois plus éloignées que les dernières étoiles visibles à l'œil nu. »

Dans tout cela, il ne s'agissait que des rapports entre les distances moyennes des étoiles de diverses grandeurs : il restait à exprimer chacune de ces distances en unités connues, mesurées, par exemple, en rayons de l'orbite terrestre. C'est ce que les mesures récemment effectuées des parallaxes ont permis à Struve de faire, en traduisant les rapports dont on vient de parler en grandeurs réelles. Une étude comparative des parallaxes de 35 étoiles, faite en 1846 par Peters, avait amené cet astronome à la conclusion suivante :

« La parallaxe moyenne des étoiles de 2e grandeur est égale à 0''.116. »

En introduisant ce nombre dans son tableau, W. Struve est arrivé en définitive aux résultats suivants.

GRANDEURS des ÉTOILES.	Parallaxes	DISTANCES		
		relatives.	en rayons de l'orbite terrestre.	en années de la lumière.
Première	0''.209	1.0000	986000	15.5
1.5	0 .166	1.2594	1246000	19.6
2	0 .116	1.8031	1778000	28.0
2.5	0 .098	2.1326	2111000	33.3
3	0 .076	2.7639	2725000	43.0
3.5	0 .065	3.2154	3151000	49.7
4	0 .054	3.9057	3850000	60.7
4.5	0 .047	4.4467	4375000	69.0
5	0 .037	5.4545	5378000	84.8
5.5	0 .034	6.1471	6121000	96.6
6	0 .027	7.7258	7616000	120.1
6.5	0 .024	8.8370	8746000	137.9
7.5	0 .014	14.4450	14230000	224.5
8.5	0 .008	24.8560	24490000	386.3
9.5	0 .006	37.7510	37200000	586.7
H+0.5	0 .00092	227.3200	224500000	3541.0

Devant l'immensité des nombres qui expriment les distances des plus petites étoiles, il ne faut pas oublier que ce sont encore là des limites inférieures, que les calculs sont basés sur des mesures de parallaxes plutôt trop grandes, c'est-à-dire sur des distances trop petites, et enfin que le tableau de Struve ne va guère au-delà des étoiles visibles dans le télescope de 20 pieds d'Herschel. On n'atteint donc pas encore ainsi, les limites de la portion de l'Univers sidéral visible pour nous. Déjà cependant, se montrent à nous des étoiles si éloignées, que la lumière qui nous en parvient est en route depuis plus de 3500 ans !

Parmi les météorites qui viennent de temps à autre, par le hasard des rencontres, frôler notre atmosphère, y faire explosion et jeter sur le sol des débris de leurs masses, il en est qui ont une origine étrangère au monde solaire. Ces visiteurs de notre système, échappés aux profondeurs des espaces intersidéraux, sont généralement animés, au moment de leur passage dans le voisinage de la Terre et du Soleil, d'une vitesse considérable. Imaginons, pour nous faire une idée de l'immensité du voyage accompli par l'un d'eux, que ce corps l'ait effectué tout entier avec la vitesse maximum, et prenons pour moyenne de cette vitesse le double de celle de la Terre, soit environ 60 kilomètres par seconde. Dans ces conditions, cherchons depuis quand la météorite en question a quitté les régions stellaires d'où elle est partie ; depuis quand, par exemple, dure sa dernière étape, celle qui s'étend entre notre monde solaire et la moins éloignée des étoiles connues. Le calcul donne au minimum 16 000 ans !

En vérité, le voyage a duré beaucoup plus longtemps, la vitesse moyenne du corpuscule céleste ayant presque toujours été bien au-dessous de la vitesse supposée. Mais l'exemple choisi suffit pour donner une idée de l'immensité de l'espace qui sépare le monde solaire ou planétaire, de l'univers sidéral.

Une conséquence bien simple de l'immensité des distances stellaires et de leur inégalité, c'est que nous ne voyons pas le ciel tel qu'il est. Au moment où notre regard est fixé sur une région parsemée d'étoiles, les diverses ondes lumineuses qui, en frappant notre rétine, nous donnent autant de sensations distinctes, et nous paraissent témoigner de l'existence actuelle des étoiles d'où elles émanent, sont bien en effet des messagers partis de ces mondes lointains, mais des messagers partis il y a longtemps déjà, il y a des années, des siècles, des milliers d'années peut-être. Les nouvelles qu'ils nous apportent sont des nouvelles d'un temps passé, et nous renseignent non sur l'état où se trouvent les étoiles observées, mais sur celui qu'elles avaient à l'origine du départ de chacune des ondes reçues. C'est ainsi qu'Arago a pu dire :

« L'aspect du ciel, à un instant donné, nous raconte, pour ainsi dire, l'histoire ancienne des astres, » et que nous avons dit nous-même ailleurs :

« Nous ne voyons pas le ciel *comme il est*, mais comme il était, non pas même comme il était à une époque donnée, mais à la fois à plusieurs époques, à une infinité d'époques données ; de sorte que chaque étoile pourrait être annotée d'une date particulière de l'histoire du ciel. Ici, nous assistons au spectacle d'une nébuleuse contemporaine d'Homère ; là, ce soleil nous envoie des feux qui datent de Périclès ; la lumière de la Chèvre est en route depuis notre grande épopée révolutionnaire de 92 (ceci était écrit en 1862 ; aujourd'hui il faudrait dire depuis les premières années du XIXe siècle). Et ainsi à l'infini. Spectacle étrange, qui laisse la pensée s'abîmer devant la bizarrerie d'un fait où viennent se confondre à la fois, sans contradiction pour la raison, les temps et les distances ! » (*Les Mondes.*)

L'importance philosophique d'un point de vue qui semble si nouveau, quand on y songe pour la première fois, est telle, que nous citerons, pour terminer ce paragraphe, la belle page qu'Humboldt a consacrée dans son *Cosmos* à la même idée.

Venant de parler des phénomènes des étoiles temporaires, que nous décrirons bientôt nous-même, il ajoute :

« Tous ces faits appartiennent en réalité à des époques antérieures à celles où les phénomènes de lumière vinrent les annoncer aux habitants de la terre ; ce sont comme les voix du passé qui arrivent jusqu'à nous. On a dit avec vérité que, grâce à nos puissants télescopes, il nous est donné de pénétrer à la fois dans l'espace et dans le temps. Nous mesurons, en effet, l'un par l'autre : une heure de chemin, c'est pour la lumière 110 millions de myriamètres à parcourir. Tandis que, dans la Théogonie d'Hésiode, les dimensions de l'univers sont exprimées à l'aide de la chute des corps (« pendant neuf jours et neuf nuits seulement, l'enclume d'airain tomba du ciel sur la terre »), Herschel estimait que la lumière émise par les dernières nébuleuses encore visibles dans son télescope de 40 pieds, devait employer près de deux millions d'années [1] pour venir jusqu'à nous ! Ainsi bien des phénomènes ont disparu longtemps avant d'être perçus par nos yeux; bien des changements, que nous ne voyons pas encore, se sont depuis longtemps effectués. Les phénomènes célestes ne sont simultanés qu'en apparence; et quand on voudrait placer plus près de nous les faibles taches de nébuleuses ou les amas d'étoiles, quand même on réduirait les milliers d'années qui mesurent leurs distances, la lumière qu'ils ont émise et qui nous parvient aujourd'hui n'en resterait pas moins, en vertu des lois de sa propagation, le témoignage le plus ancien de l'existence de la matière. C'est ainsi que la science conduit l'esprit humain des plus simples prémisses aux plus hautes conceptions, et lui ouvre ces champs sillonnés par la lumière où « des myriades de mondes germent comme l'herbe de la nuit. »

§ 7. — Les étoiles sont des soleils.

L'étoile la plus voisine est au moins deux cent mille fois aussi éloignée de notre monde solaire, que la Terre l'est du Soleil ; sa parallaxe ne vaut pas 1″. Que signifie ce dernier nombre ? Que le rayon de l'orbite terrestre, vu de cette distance, sous-tendrait à peine un angle égal à la 2000ᵉ partie du diamètre

1. « Hence it follows that the rays of light of the remotest nebulœ must have been almost two millions of years on their way, and that consequently, so many of years ago, this object must already have had *an existence* in the sidereal heaven, in order to send out those rays by which we now perceve it. » (W. Herschel, *Phil. Trans.* 1802.)

solaire. Comment nous apparaîtrait donc ce dernier diamètre lui-même, reculé dans l'espace jusqu'à la distance d'Alpha du Centaure? Moins grand qu'un centième de seconde (0".00855). Or, on va voir que les étoiles les plus brillantes n'ont pas un diamètre apparent supérieur à cette valeur cependant si petite.

Les premières évaluations qu'on ait faites des diamètres des étoiles étaient grandement exagérées. Tycho, Kepler et les astronomes qui observaient à l'œil nu, donnaient à Sirius de 2' à 4' de diamètre. Quand les lunettes eurent permis de dépouiller les images des étoiles des diamètres factices causés par les faux rayons divergents qui les environnent, les évaluations se trouvèrent considérablement réduites. Gassendi réduisit le diamètre de Sirius à 10", Hévélius à 6" et J. Cassini à 5" [1] : ce sont encore des nombres beaucoup trop grands. W. Herschel en 1781 étudia Wéga et Arcturus à ce point de vue, et il crut pouvoir assigner à la première étoile un diamètre de 0".36, à la deuxième un diamètre de 0".1 ou au plus de 0".2.

Voyons, dans l'hypothèse où ces derniers nombres seraient exacts, à quelles dimensions réelles correspondraient de tels diamètres. De Wéga, qui a une parallaxe de 0".155, le rayon de l'orbite terrestre aurait précisément 0".155 comme dimension apparente ; d'Arcturus, le même rayon serait égal à 0".127. Des dimensions de 0".36 et 0".2 équivau-

1. Ce dernier résultat a été obtenu en comparant, avec la même lunette, le disque de Jupiter à celui de Sirius, que Cassini trouva dix fois plus petit (V. ses *Éléments d'astronomie*). Mais les disques des étoiles dans les lunettes sont des cercles fictifs, d'autant plus petits que l'instrument est plus puissant.

draient donc, comme un calcul très-simple le montre, à $2\frac{1}{8}$ fois et 1 fois $\frac{1}{2}$ le rayon de l'orbite de la Terre. Les étoiles dont il est question auraient ainsi, l'une plus de 80 millions de lieues, l'autre 60 millions de lieues de diamètre ; le volume de Wéga serait 12 500 000 fois, et celui d'Arcturus 5 270 000 fois le volume du Soleil. De telles dimensions, on va le voir, sont fort improbables, et les mesures d'Herschel sont encore fort exagérées.

Le directeur de l'Observatoire de Marseille, M. Stéphan, a déterminé récemment, à l'aide d'une méthode basée sur l'étude des franges d'interférence, une limite inférieure des diamètres stellaires. Appliquée à Sirius, à d'autres étoiles de la 1re à la 4e grandeur, cette méthode a fourni à notre savant compatriote le nombre 0″.158, mais comme un maximum ; ses expériences prouvent en effet, que le diamètre apparent n'est qu'une très-faible fraction de ce nombre. En prenant le dixième seulement, on aurait encore plus de 3 millions de kilomètres pour le diamètre de Sirius ; c'est 11 fois $\frac{1}{4}$ celui du Soleil, et le volume de l'étoile dépasserait ainsi 1400 fois le volume du globe solaire, résultat qui n'a rien d'impossible.

Les mesures directes des diamètres stellaires faisant défaut [1], on a eu recours aux comparaisons

1. Une autre preuve de l'extrême petitesse de ces diamètres est encore tirée des occultations d'étoiles par la Lune. Ces occultations, en effet, sont instantanées. Quand, par le mouvement de la Lune à travers les constellations, le disque de cet astre passe devant une étoile, l'extinction de la lumière de celle-ci, au lieu d'être graduelle comme elle devrait l'être dans l'hypothèse d'un diamètre stellaire sensible, est subite et entière.

photométriques. Entrons à cet égard dans quelques détails.

L'étoile α du Centaure a été comparée, sous le rapport de l'intensité lumineuse, à la pleine Lune, par sir J. Herschel, qui a trouvé que sa lumière n'est que la 27 408e partie de celle du disque lunaire. De son côté, Wollaston avait trouvé que le Soleil équivaut à 801 072 pleines lunes. D'où la conséquence qu'il faudrait 21 955 millions d'étoiles pareilles à α du Centaure pour égaler la lumière solaire. Il ne faudrait que 5418 millions d'étoiles aussi brillantes que Sirius. Maintenant, le Soleil reculé à la distance de α du Centaure, perdant de son éclat dans le rapport du carré des distances, n'aurait plus que les 43 centièmes de l'intensité de cette même étoile. Ce serait encore une étoile de première grandeur, moins brillante que Bételgeuse, à peu près égale à Wéga, à Antarès.

Mais, si le Soleil était reculé jusqu'à la distance de Sirius, ou de Wéga (qui sont à peu près également éloignées), sa lumière ne serait plus que la 350e partie de celle de Sirius. Elle serait à peine égale à la moitié de celle d'une étoile de 6e grandeur. Le Soleil, à cette distance, ne serait plus visible à l'œil nu.

Faisons maintenant une hypothèse. Admettons que l'éclat intrinsèque du Soleil et celui des étoiles qu'on vient de lui comparer soient les mêmes, et reprenons en sens inverse les rapports trouvés entre leurs lumières à égalité de distance :

α du Centaure vaut.	2.326	fois le Soleil.
Sirius —	349.13	—

Dans cette hypothèse, il est clair que l'éclat varie en raison de la surface ou des carrés des diamètres, et qu'ainsi l'on trouverait :

Pour le diamètre de α du Centaure	1.52	diamètre solaire.
Pour celui de Sirius.	18.6	—

D'autres considérations font penser que l'éclat intrinsèque de Sirius dépasse celui du Soleil, et qu'ainsi son diamètre ne vaut pas 18 fois le diamètre solaire. Ce résultat s'accorde avec la limite trouvée par M. Stéphan, qui donne pour les dimensions de Sirius, au maximum 112.5 fois, et, en réduisant cette limite au dixième, 11.25 fois le diamètre du Soleil.

Si ces mesures offrent encore bien des incertitudes, il est un résultat qui n'est pas douteux, c'est que le Soleil, transporté dans l'espace à la plus petite des distances stellaires, serait réduit à un point lumineux, et finirait par disparaître, s'il était reculé à la distance de quelques-unes des étoiles de première grandeur. N'est-il donc pas de toute évidence que ces étoiles, dont les diamètres sont trop petits pour être mesurables, sont elles-mêmes des soleils, c'est-à-dire des astres brillant d'une lumière qui leur est propre? Comment serait-il possible qu'une lumière réfléchie pût, après un double trajet, un double voyage d'au moins six années, aller de notre Soleil à ces corps si prodigieusement éloignés et en revenir avec l'intensité qui caractérise les lumières stellaires? Concluons donc par l'énoncé de cette vérité, aujourd'hui rigoureusement démontrée, mais qu'avait entrevue déjà le génie des Képler, des Huygens, des Lambert, des Kant et de tant d'autres célèbres savants des derniers siècles :

Les étoiles sont des soleils.

Chacun de ces points lumineux, que la vue simple nous fait voir par milliers sur la voûte du ciel, que le télescope nous montre par millions dans les profondeurs de l'espace, brille de sa propre lumière. Chaque étoile est un monde !

CHAPITRE IV

MOUVEMENTS PROPRES DES ÉTOILES

§ 1. — Détermination des mouvements propres et des vitesses des étoiles.

L'idée de la fixité des étoiles a longtemps dominé l'astronomie. Les anciens les croyaient réellement immobiles dans l'espace, attachées aux cieux cristallins qu'ils avaient imaginés pour rendre compte des phénomènes célestes, dont la véritable interprétation leur échappait. Les astronomes modernes, depuis Copernic, convaincus de l'immensité de la distance des étoiles par l'absence de parallaxe sensible, ont pu donner à cette fixité une signification différente, en l'attribuant naturellement à la difficulté de constater les mouvements réels de corps aussi éloignés de notre système. D'autre part, l'immobilité du Soleil, son identification avec les étoiles militaient en faveur d'une pareille immobilité de celles-ci. Entre ces deux suppositions qui semblaient également admissibles, où était la vérité ? Il n'y a guère qu'un siècle et demi que la question est décidément résolue en sens contraire de l'ancienne hypothèse, et que la vieille dénomination des *fixes* n'a plus qu'une valeur relative.

Ni le Soleil, ni les étoiles ne sont immobiles dans l'espace. Tous les astres, quels qu'ils soient, sont dans un état de mouvement continu qui change à chaque instant leurs situations respectives. Le repos n'existe nulle part dans le ciel; le mouvement est la loi commune de l'Univers.

Halley est le premier astronome qui ait soupçonné les mouvements propres de trois étoiles, de Sirius, d'Arcturus et d'Aldébaran. Ayant comparé les positions en latitude, qu'elles avaient en 1717, avec celles que leur assignait le catalogue d'Hipparque pour une époque antérieure de 1847 ans (130 ans av. J.-C.), ce savant constata des variations de position contraires à celles des autres étoiles, et en conclut qu'elles avaient subi des déplacements particuliers. J. Cassini, après avoir également constaté le mouvement d'Arcturus en latitude, et prouvé qu'il ne pouvait provenir d'une oscillation inconnue de l'écliptique, détermina en 1738 le mouvement d'Ataïr en longitude; et bientôt, de tels mouvements propres purent être reconnus en grand nombre par la comparaison des positions des étoiles au moment de l'observation, avec celles indiquées dans des catalogues récents. La précision des procédés de mesure concourut avec les progrès de la théorie pour accroître le nombre des mouvements propres mesurés [1]. Les noms des astronomes Bradley, Lemon-

1. Pour arriver à reconnaître et à mesurer avec précision des variations aussi petites, aussi lentes dans les positions des étoiles, il fallait, outre les perfectionnements apportés

nier, Mayer, Maskelyne, Piazzi sont ceux des savants du dernier siècle qui contribuèrent le plus à mettre hors de doute la réalité de ces mouvements.

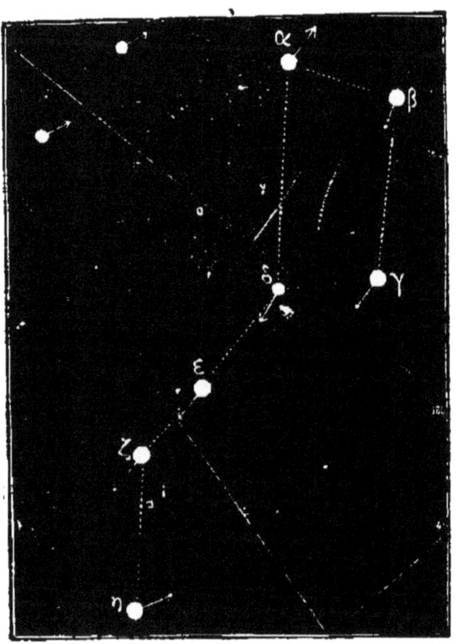

Fig. 22. — Mouvements propres des étoiles de la grande Ourse. Forme actuelle de la constellation.

Citons maintenant quelques exemples.

La plus brillante étoile du Bouvier, Arcturus, met un siècle entier pour parcourir seulement la hui-

aux procédés de mesure depuis l'invention des lunettes, d'autres progrès non moins importants de la théorie. Les positions d'une étoile sont rapportées, comme on sait, soit à l'équateur et aux pôles de ce plan, soit au plan de l'orbite de la Terre ou écliptique et à ses pôles : l'*ascension droite* et la *déclinaison* dans le premier cas, la *longitude* et la *latitude* dans le second, sont les coordonnées relatives à ces deux modes de détermination. Or, la situation de l'axe du monde ou de l'équateur céleste est variable :

tième partie du diamètre de la Lune. α du Centaure, dans le même intervalle de temps, se déplace d'une quantité égale au cinquième de ce diamètre.

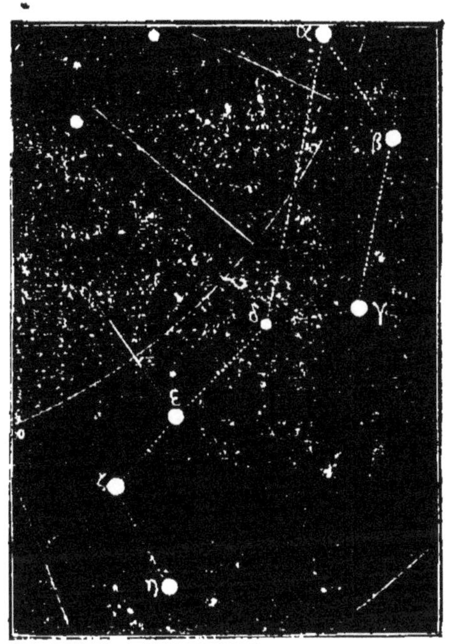

Fig. 23. — La Grande Ourse dans 36,000 ans. Changements produits par les mouvements propres.

Beaucoup d'autres étoiles se meuvent avec plus de lenteur encore. Les mouvements propres les plus rapides sont ceux de la 61° du Cygne, de l'étoile 1830

la *précession* et la *nutation lunisolaire* sont des mouvements qui affectent les coordonnées des étoiles; l'angle de l'équateur et de l'écliptique ou l'*obliquité* varie aussi et produit des changements dont il faut également tenir compte. Ce n'est pas tout : les longitudes et les latitudes des étoiles subissent des variations annuelles dues à la composition de la vitesse des ondes lumineuses et de celle de la Terre dans son orbite ; c'est le phénomène de

Groombridge, dont nous avons vu qu'on a mesuré les distances à la Terre et de deux étoiles du ciel

Fig. 24. — Cassiopée, état actuel.

austral, l'une appartenant à la constellation de l'Indien, l'autre à celle du Navire. Toutefois ces quatre

l'*aberration*, inconnu avant Bradley, et dont nous avons essayé plus haut de donner une idée. Enfin l'interposition de l'atmosphère et la *réfraction* qu'éprouvent les rayons lumineux en la traversant, nécessitent encore une autre correction dans la position apparente des étoiles. C'est après avoir tenu compte de toutes ces variations, dont quelques-unes sont fort petites, et avoir effectué les corrections nécessaires, que les astronomes sont parvenus à constater deux autres changements de position, d'une part les effets de *parallaxe* dus au mouvement de la Terre et qui nous ont renseignés sur les distances de quelques étoiles, et d'autre part les *mouvements propres*, dont il est question dans ce paragraphe.

astres, pour se déplacer sur la voûte étoilée de tout le diamètre lunaire, mettent encore de 240 ans à

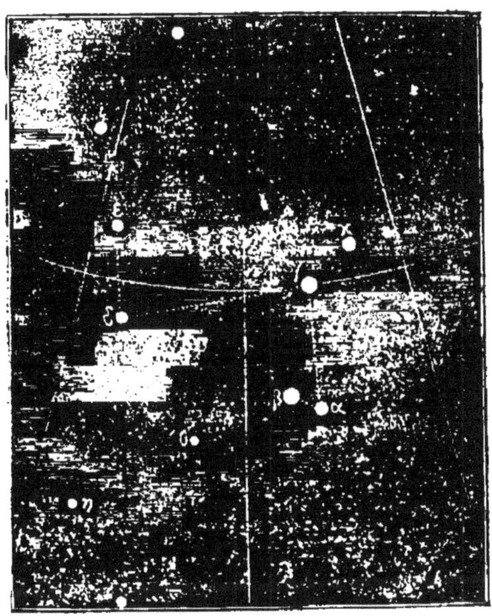

Fig. 25. — Cassiopée dans 36 000 ans.

370 ans, à raison d'un mouvement moyen annuel qui est respectivement de 5″1, de 7″, de 7″7 et de 7″9 environ.

Voici, du reste, un tableau où nous consignons quelques-uns des mouvements propres stellaires, les plus importants, soit par leur grandeur, soit par les étoiles auxquelles ils appartiennent. Il est à remarquer que ce ne sont pas les plus brillantes étoiles qui se déplacent le plus rapidement. Comme la distance de quelques-unes est connue, on peut calculer la vitesse réelle d'après la vitesse apparente ; mais en lisant ces nombres (ceux de la dernière colonne), il ne faut pas oublier que les chemins parcourus en réalité par les étoiles sont peut-être beaucoup plus considérables que ne l'indique le calcul, la direction vraie du mouvement nous étant inconnue. Ce sont les projections de ces déplacements qu'on a mesurées, et les vitesses du tableau sont nécessairement des vitesses minima.

NOMS DES ÉTOILES.	GRANDEUR.	MOUVEMENTS PROPRES.		VITESSES minima par seconde.
		annuels.	en 10 000 ans.	
2151 Navire. . .	6	7″.871	21°.86	» kil
ε Indien.	6.7	7 .740	21 .50	»
1830 Groombridge	7	6 .974	19 .37	145.0
—	»	»	»	[1] 364.0
—	»	»	»	963.6
61e Cygne. . . .	5	5 .123	14 .23	64.3
δ Éridan	3	4 .080	11 .33	»
μ Cassiopée. . .	5.6	3 .740	10 .40	»
α Centaure . . .	1	3 .580	9 .94	18.4
Arcturus	1	2 .250	6 .25	83.2
Sirius.	1	1 .234	3 .43	38.6
ι Grande Ourse.	3	0 .746	2 .07	26.3
Chèvre	1	0 .461	1 .28	47.1
Wéga.	1	0 .364	1 .01	11.0
Aldébaran. . . .	1	0 .185	0 .51	»
Polaire	2	0 .035	0 .10	1.5

La Terre se meut dans son orbite, rappelons-nous-le, avec une vitesse moyenne de 29k. 5 par seconde. Neptune ne parcourt que 5k. 4, et la plus rapide des planètes, Mercure, n'a pas une vitesse supérieure à 47 kilomètres, celle de la Chèvre. Plusieurs des étoiles dont la vitesse est connue ont donc des

1. Les trois nombres différents correspondent aux valeurs différentes trouvées pour la parallaxe et dès lors pour la distance de cette étoile.

mouvements propres plus rapides que les mouvements planétaires. 1830[e] Groombridge se meut au moins cinq fois aussi vite que la Terre, Arcturus trois fois, la 61e du Cygne encore 2 fois.

§ 2. — Mouvement propre du Soleil. Translation du système solaire.

Si les étoiles sont des soleils, en d'autres termes si notre Soleil est une étoile, il doit avoir aussi un mouvement de translation dans l'espace ; et, s'il en est ainsi, ce mouvement de translation entre nécessairement, par sa direction et son intensité, dans les mouvements propres stellaires : supposons qu'on soit parvenu — on va voir à l'instant que cette supposition est une réalité — à déterminer cette direction et cette vitesse, il sera possible alors de dégager, dans le mouvement propre tel qu'on vient de le constater, la partie qui n'est qu'apparente, de celle qui appartient aux étoiles mêmes. Et alors, que restera-t-il à trouver, pour connaître intégralement, en direction et en vitesse, les mouvements vrais des étoiles dont la distance à notre système a été calculée ? Un seul et dernier élément : la composante du mouvement vrai dans le sens du rayon visuel, ou la vitesse avec laquelle les étoiles s'éloignent ou s'approchent de la Terre [1].

1. Les mouvements propres mesurés sont, nous l'avons déjà dit, les projections des mouvements réels sur un plan perpendiculaire au rayon visuel; les mouvements dans le sens de ce dernier rayon, sont les projections des mêmes mouvements réels sur une ligne perpendiculaire au premier plan. Ces deux éléments, ou ces composantes du mouvement réel, donneront donc, par leur composition, la direction et la vitesse du mouvement vrai de l'étoile considérée.

Or, ces problèmes ont été tous deux abordés avec succès. Occupons-nous d'abord du premier, c'est-à-dire de la question de la translation du Soleil (ou, ce qui revient au même, du système solaire) dans l'espace, et voyons comment on a pu parvenir à la constater.

L'idée d'un tel déplacement a été formulée pour la première fois d'une façon un peu nette, par Lalande, qui le regardait comme ayant une liaison nécessaire, logique, avec le mouvement de rotation du Soleil.

Voici en quels termes l'illustre astronome français exprimait cette opinion dans l'*Encyclopédie méthodique :*

« La rotation du Soleil, disait-il, indique un mouvement de translation ou un déplacement du Soleil qui sera peut-être un jour un phénomène bien remarquable dans la cosmologie. Le mouvement de rotation considéré comme l'effet physique d'une cause quelconque est produit par une impulsion communiquée hors du centre; mais une force quelconque imprimée à un corps et capable de le faire tourner autour de son centre, ne peut manquer aussi de déplacer le centre, et l'on ne saurait concevoir l'un sans l'autre. *Il est donc évident que le Soleil a un mouvement réel dans l'espace absolu ;* mais comme nécessairement il entraîne la Terre, de même que toutes les planètes et les comètes qui tournent autour de lui, nous ne pouvons nous apercevoir de ce mouvement, à moins que, par la suite des siècles, le Soleil ne soit arrivé sensiblement plus près des étoiles qui sont d'un côté que de celles qui sont opposées ; alors les distances apparentes des étoiles entre elles auront augmenté d'un côté et diminué de l'autre, ce qui nous apprendra de quel côté se fait le mouvement de translation du système solaire. Mais il y a si peu de temps que l'on observe, et la distance des étoiles est si grande, qu'on ne pourra de longtemps constater la quantité de ce déplacement. »

Bradley, Tobie Mayer, Fontenelle, Lambert avaient également entrevu le mouvement de translation du Soleil comme une hypothèse probable, mais sans la formuler d'une manière aussi précise[1]. Dans tout ceci, on le voit, il ne s'agit que de prévisions théoriques, de conjectures. Il était réservé à W. Herschel de les appuyer le premier sur la base solide des observations, et il faut avouer que c'était une tâche encore plus ardue que celle de concevoir l'hypothèse elle-même, quelque élevée que fût

1. « Chaque étoile fixe, dit Lambert dans ses *Lettres cosmologiques*, a dans les plaines de l'espace son orbite tracée qu'elle parcourt en traînant à sa suite tout son cortége de planètes et de comètes. Si l'on pouvait démontrer que tout corps qui tourne sur son axe doit aussi se mouvoir dans une orbite, on ne pourrait plus disputer à notre Soleil ce dernier mouvement, puisqu'il a le premier. Il y a apparence que le mécanisme du monde exige la liaison de ces deux mouvements, quoique nous n'en voyions pas distinctement la cause. Ce qu'il y a de certain, c'est que le Soleil se déplace.... » Parlant plus loin des mouvements propres des étoiles, il ajoute : « Comme ce déplacement apparent des étoiles fixes dépend du mouvement du Soleil aussi bien que du leur propre, il y aurait peut-être moyen de conclure de là vers quelle région du ciel notre Soleil prend sa course. Mais que de temps ne s'écoulera-t-il point avant que nous connaissions celui de la révolution du Soleil ! Une année platonique (26,000 ans) y suffirait-elle? Peut-être que, dans une pareille année, il ne parcourt qu'un signe de son zodiaque. »

celle-ci, à l'époque où elle fut mise au jour pour la première fois. De quoi s'agissait-il, en effet? De démêler, au milieu des mouvements apparents ou réels dont les étoiles sont affectées, le mouvement d'ensemble que doit produire pour un observateur terrestre le déplacement supposé et encore inconnu en direction, du système solaire dans l'espace. La précession des équinoxes, la nutation, le mouvement annuel de la Terre autour du Soleil, l'aberration de la lumière sont autant de causes qui modifient, dans un sens ou dans l'autre, les positions des étoiles, jadis supposées fixes, sur la voûte étoilée. Chacune d'elles, en outre, a probablement un mouvement propre, comme on l'a constaté pour un grand nombre d'entre elles, lequel indique une véritable translation dans l'espace. Imaginons qu'on ait déterminé la part qui revient à chacune de ces causes, et qu'on lui ait assigné sa vraie grandeur, puis, qu'on en fasse abstraction, que restera-t-il? Plus rien, si le Soleil est immobile; mais si, au contraire, il est entraîné, avec tout son cortége de planètes, vers une certaine région du ciel, on trouvera nécessairement pour résidu de tous les autres déplacements, apparents ou réels, un mouvement d'ensemble. Comme l'avait fort bien prévu Lalande, dans la direction de la plage stellaire vers laquelle il s'avance, les étoiles sembleront s'éloigner les unes des autres : leurs distances angulaires s'élargiront à mesure que le système solaire se rapprochera, tandis qu'à l'opposé, il y aura un mouvement de convergence; les étoiles se resserreront, par le fait seul que nous nous en éloignerons de plus en plus. C'est ainsi qu'un voyageur qui, au centre d'une vaste plaine, s'avance en ligne droite sur une route aboutissant à deux points extrêmes de l'horizon, voit au-devant de lui tous les objets, d'abord rapprochés, s'écarter peu à peu ; tandis que, derrière lui, ceux qu'il quitte se rapprochent progressivement, par un effet de perspective aisé à comprendre. Sur les côtés, les arbres sembleront fuir en sens inverse de sa marche. Tous ces mouvements apparents, en sens divers, ont entre eux, et avec la direction de la route et la vitesse du voyageur, des rapports déterminés, de sorte que, s'il n'avait pas conscience de son propre mouvement, la corrélation dont il s'agit suffirait pour le lui faire reconnaître [1].

1. La simplicité de l'explication familière que nous donnons ici, ne doit pas faire perdre de vue l'extrême difficulté du problème. Les déplacements parallactiques résultant du mouvement de translation du Soleil et de tout notre système, ne sont pas seulement compliqués des autres mouvements apparents ou réels des étoiles ; ils sont aussi, comme il est aisé de s'en rendre compte, dépendants des distances des étoiles mêmes, qui sont extrêmement inégales, et d'ailleurs n'ont été mesurées qu'en fort petit nombre. Mais ce qui permet d'attacher une valeur positive aux déterminations effectuées, c'est leur concordance, bien que les méthodes employées par les divers astronomes que nous citons n'aient pas été les mêmes. Voici les coordonnées trouvées successivement pour le point *apex* ou *sommet* parallactique du mouvement du Soleil :

	Ascension droite	Déclin. boréale	
W. Herschel.	260° 44′	26° 16′	pr 1800
Argelander.	258 23.6	28 45.6	1850
O. Struve	261 52.6	37 33.0	—
Gallovay.	260 33	34 20	—
Gauss circonscrivait	258 40	30 40	—
le point dans un	258 42	30 57	—
quadrilatère ayant	259 13	31 9	—
pour sommets . .	260 4	30 32	—

M. Hœk, dans une lettre adressée à M. Delaunay, tire de ses recherches sur les comètes, la conclusion, que si le

Toutefois, si le problème à résoudre était théoriquement très-simple, la solution par l'observation directe était, au contraire, d'une grande complexité. Avec sa hardiesse et sa persévérance ordinaires, W. Herschel l'aborda, et, dès 1783, il annonçait que

Fig. 20. — Point de la constellation d'Hercule vers lequel se dirige le Soleil.

la question était résolue, ou pour le moins largement ébauchée. Il avait conclu de la discussion des mouvements propres d'un petit nombre d'étoiles, que le Soleil marche vers l'étoile λ de la constella-

Soleil a un mouvement de translation dans l'espace, sa vitesse doit être beaucoup plus petite que celle de la Terre dans son orbite. Le nombre donné par W. Struve, que nous rapportons plus loin, indique une vitesse 4 fois moindre. M. Yvon Villarceau enfin a signalé une conséquence théorique du mouvement *absolu* de translation du Soleil, qui peut un jour conduire à une vérification et à une détermination de sa direction et de sa vitesse : c'est que la constante de l'aberration doit varier pour les étoiles, en raison de leurs positions relativement au point du ciel vers lequel se dirige notre système.

tion d'Hercule, en un point du ciel qui, à cette époque, avait 257° d'ascension droite et 25° de déclinaison boréale.

Cinquante ans plus tard, Argelander reprit, sur de nouvelles données, plus nombreuses et plus précises, la détermination du point de convergence. Puis vinrent Bravais, Otto Struve, Gauss, Galloway, dont les recherches ne firent que confirmer celles d'Herschel et d'Argelander. Les calculs combinés de Struve et d'Argelander donnent au point en question la position suivante pour l'époque 1840 :

Ascension droite	259° 35'.1
Déclinaison boréale.	24° 33'.6

Struve réussit en outre à déterminer la vitesse du mouvement de translation. Vu de face, d'un point situé à la distance moyenne des étoiles de première grandeur, le chemin parcouru en une année par le Soleil aurait une valeur angulaire de 0".3392, ce qui équivaut au nombre 1.623, le rayon moyen de l'orbite de la Terre étant pris pour unité. En résumé :

« Le mouvement du système solaire dans l'espace est dirigé vers un point de la voûte céleste, situé sur une ligne droite qui joint les deux étoiles de troisième grandeur π et μ d'Hercule, à un quart environ de la distance apparente de ces étoiles à partir de π. La vitesse de ce mouvement est telle que le Soleil, avec tous les corps qui en dépendent, avance annuellement dans la direction indiquée de 1.623 fois le rayon de l'orbite terrestre, ou de 240 600 000 kilomètres. »

C'est une vitesse d'environ 660 000 kilomètres

par jour, ou 7k.6 par seconde. Ainsi, l'observation a légitimé une fois de plus les inductions de la théorie. La réalité du mouvement qui entraîne le monde solaire dans les profondeurs de l'éther est prouvée. Il reste à savoir quelle est la nature de ce mouvement, si le Soleil se meut périodiquement autour de quelque centre inconnu, s'il fait partie d'un système stellaire particulier, fragment du grand système de la Voie lactée, ou s'il est le satellite d'un autre soleil. Peut-être le mouvement dont il est animé, n'est-il que l'effet des perturbations qu'il éprouve de la part des masses stellaires qui l'environnent à des distances inégales, et qui sont inégalement distribuées dans l'espace.

Dans la première hypothèse, celle d'un mouvement périodique, l'élément rectiligne de la constellation d'Hercule, n'est qu'une portion restreinte de l'orbite solaire ; et tout ce qu'on en peut déduire, c'est que le foyer inconnu est dans une direction rectangulaire avec celle du mouvement. Avec le temps, c'est-à-dire avec les siècles, on pourra constater un changement de direction, en déduire la courbure de l'orbite, le sens de sa concavité, et, en définitive, avoir une idée du point de convergence des rayons vecteurs et de la distance du foyer du mouvement. En coordonnant les mouvements propres du Soleil et des étoiles, comme s'ils avaient un foyer commun, Argelander a examiné le degré de vraisemblance que présente l'hypothèse où la constellation de Persée serait le centre général de leurs gravitations. Mædler regardait Alcyone, la plus brillante des Pléiades, comme le soleil central autour duquel nous gravitons, et les Pléiades elles-mêmes, comme le groupe dont la masse détermine notre mouvement. Il est bien évident que ce sont là des hypothèses, intéressantes sans aucun doute, parce qu'elles fixent pour ainsi dire nos idées et donnent un but aux investigations futures, mais qu'il ne faut admettre ni rejeter absolument, en l'absence d'éléments suffisants pour se prononcer en connaissance de cause.

§ 3. — Mouvements des étoiles dans le sens du rayon visuel.

L'idée de constater et de mesurer le mouvement d'un corps lumineux par les modifications que peut apporter ce mouvement à la nature de sa lumière, a été émise pour la première fois par notre savant compatriote M. Fizeau (*Annales de physique et de chimie*, t. XIX, 4e série). Essayons de faire comprendre la nature de ces modifications, en les comparant aux variations de hauteur que subit le son émis par un corps sonore, lorsque ce dernier s'éloigne de l'observateur, ou, au contraire, s'en approche. On sait que le sifflet d'une locomotive, lorsque passe devant vous un train de grande vitesse, donne un son plus aigu tant que la machine s'approche, puis un son plus grave quand elle s'éloigne. La raison de cette modification est aisée à comprendre. Les ondes sonores, dans la première période, arrivent à l'oreille dans un temps donné, une seconde je suppose, en plus grand nombre que si le corps sonore était en repos; le son paraîtra donc formé par un plus grand nombre de vibrations, et par suite plus aigu; dans la seconde période au contraire, les vibrations arriveront moins nombreuses dans le même temps, et la hauteur du son sera diminuée. Virtuellement, les longueurs d'onde sont augmentées dans le second cas, et diminuées dans le premier.

Ce qui arrive pour les ondes sonores doit arriver pareillement pour les ondes lumineuses. Seulement, pour qu'une modification puisse être constatée, il faut que la vitesse du corps qui s'approche ou qui s'éloigne, ne soit pas une fraction tout à fait insensible de la vitesse de la lumière, parce que c'est le rapport des deux vitesses qui mesure l'allongement ou l'accourcissement des longueurs d'onde [1]. Il y a d'ailleurs, entre le son et la lumière, une différence qui aurait pu rendre impossible la constatation dont il s'agit; un son unique a une hauteur déterminée, dépendant du nombre des vibrations du corps sonore ou de la longueur de l'onde; la lumière, à moins d'être absolument monochromatique, est au contraire composée d'une multitude d'ondes de longueurs différentes. Comment démêler l'une quelconque d'entre elles, et mesurer ses variations? C'est l'analyse spectrale qui a permis de lever cette

1. M. Doppler a appelé le premier l'attention sur le rapport qui doit exister entre les couleurs des étoiles et leurs mouvements. Selon lui, toutes les étoiles sont blanches; seulement celles qui s'éloignent paraissent rouges, et celles qui se rapprochent ont une lumière tirant sur le vert ou le bleu. Mais, ainsi que le fait remarquer Secchi, avec raison croyons-nous, la lumière blanche renfermant des rayons plus réfrangibles que le violet et moins réfrangibles que le rouge, l'effet du mouvement rendrait sensibles à l'œil les uns ou les autres de ces rayons, les couleurs disparues se reproduiraient, et en résumé la couleur résultante ne paraîtrait point modifiée.

grave difficulté. Supposons qu'en étudiant le spectre de la lumière d'une étoile, on puisse arriver à y reconnaître des raies et à en identifier quelques-unes aux raies d'une substance terrestre métallique, du magnésium ou du sodium, par exemple. On verra bientôt qu'une semblable étude a été menée à bonne fin. Cela posé, que l'observateur emploie le même spectroscope à analyser la lumière de l'étoile et, simultanément, la lumière artificielle du sodium ou du magnésium. Cette comparaison pourra lui permettre de voir s'il existe une différence de réfrangibilité apparente, entre deux raies qui, en cas de repos, doivent avoir la même position sur les spectres. Si une telle déviation existe, si l'on peut mesurer un déplacement vers le violet ou vers le rouge, on en conclura que l'étoile se rapproche ou s'éloigne de la Terre, et il sera possible de mesurer la vitesse de ce mouvement. MM. Huggins et Miller, Maxwell, Secchi ont appliqué cette méthode, et n'ont pu, tout d'abord, constater de déplacement égal à la distance des deux composantes de la raie double D. Un tel déplacement (en le supposant équivalent à une différence de longeur d'onde de 4 dix millioniêmes de millimètre) correspondrait à une vitesse de 304 kilomètres par seconde, dix fois aussi grande que celle de la Terre dans son orbite.

Mais, en poursuivant ces recherches, en perfectionnant les procédés d'observation, M. Huggins parvint, en 1868, à constater un très-léger changement de réfrangibilité dans l'une des lignes du spectre de Sirius, et ses mesures lui montrèrent que cette étoile s'éloigne de la Terre avec une vitesse qui, pendant le cours des observations, varia de 26 à 23 milles anglais, ou de 42 à 58 kilomètres, par seconde. Il faut déduire de ces nombres la vitesse de la Terre dans son orbite, vitesse qui pendant la durée des observations varia (dans le sens du rayon visuel) de 16 à 23 kilomètres par seconde. Restait pour le mouvement particulier à Sirius une vitesse d'éloignement comprise entre 18 et 22 milles ou 29 et 35 kilomètres par seconde. Cette différence entre des résultats obtenus à trois mois d'intervalle, peut s'expliquer, pensait M. Huggins, par la variation de vitesse selon le rayon visuel, si le mouvement de Sirius a lieu dans une orbite elliptique, ainsi que cela résulte des recherches de Peters, dont il sera question plus loin.

M. Huggins a appliqué cette méthode délicate et difficile à un certain nombre d'étoiles ; mais des doutes ayant été élevés sur la rigueur de la méthode (par le P. Secchi, qui l'avait adoptée cependant un des premiers), il était intéressant de savoir si des recherches indépendantes aboutiraient à des résultats concordants. Le tableau qui suit répond à ce désir. Il montre, dans deux colonnes différentes, la vitesse dont s'éloignent ou s'approchent de la Terre les étoiles étudiées, d'une part par M. Huggins, de l'autre par MM. Christie et Maunder, astronomes de l'Observatoire de Greenwich.

MOUVEMENTS DES ÉTOILES DANS LE SENS DU RAYON VISUEL.

ÉTOILES.	d'après Huggins.	d'après Christie.
	Vitesse en kilom.	Vitesse en kilom.
α Andromède.	—	— 56
Aldébaran	+ ?	+
La Chèvre	+	+ 20
Rigel.	+	+

Bételgeuze	+ 35	+ 121
Sirius	+ 29 à 35	+ 40
Castor	+ 37 à 45	+ 40
Procyon	+	+ 64
Pollux	— 79	—
Régulus . :	+ 19 à 27	+ 48
γ Lion	— ?	— 102
β Grande Ourse . . .	+ 27 à 34	+ 38
α Grande Ourse . . .	— 74 à 97	—
β Lion	+	—
γ Grande Ourse. . . .	+ 27 à 34	+ ?
Épi.	+	+
η Grande Ourse. . . .	+ ?	—
Arcturus	— 88	— 62
ε Bouvier.	—	—
α Couronne	+	+ 58
Wéga.	— 71 à 87	— 62
α Cygne	— 63	— 65
α Pégase.	—	— 40

L'accord est satisfaisant, comme on peut le voir. Le sens des mouvements mesurés[1] ne diffère que pour deux étoiles, et encore les observations de M. Huggins étaient douteuses. Quant aux vitesses, il y a des divergences, qui sont assez sensibles dans les mouvements de Bételgeuze, de Régulus et d'Arcturus ; mais les autres ne s'éloignent guère des erreurs probables d'observation dans une recherche aussi délicate. Et puis, il est possible qu'elles proviennent en partie des variations du mouvement, si ce mouvement n'est pas rectiligne[2].

1. Le signe + indique une augmentation de distance : l'étoile s'éloigne de la Terre; le signe — une diminution : l'étoile se rapproche. Le sens du mouvement a été seul constaté pour quelques étoiles. ? marque les observations douteuses.

2. Soient, à une époque donnée, S la position du Soleil, E celle d'une étoile; SS′ le chemin parcouru en 1 seconde par le système solaire (chemin projeté sur le plan où se

En tout cas, nous voilà en possession d'un élément nouveau, essentiel à la connaissance des vrais mouvements des étoiles. On peut en faire l'application à quelques-unes des étoiles dont la parallaxe et le mouvement propre annuels sont connus, et dont nous venons de trouver la vitesse dans le sens du rayon visuel. On obtient les résultats suivants. Sirius s'éloigne du système solaire avec une vitesse approchée de 56 kilomètres par seconde ; la Chèvre nous fuit à raison de 51 kilomètres. Au contraire, Wéga

ment l'étoile). Le mouvement propre de l'étoile lui fait parcourir en une seconde, dans un sens perpendiculaire au rayon visuel, le chemin Ea, et l'on a trouvé par le déplacement des lignes de son spectre, que son mouvement l'éloigne de la Terre d'une quantité Eb en une seconde. Pour avoir le chemin réel parcouru par l'étoile dans l'espace, il est clair qu'il faudrait combiner les composantes du mouvement solaire avec ceux de l'étoile; dans le cas de la figure, la composante Ea doit être diminuée de an = Sc, et la composante Eb augmentée de Bm = Sd. La diagonale EE′ du rectangle nEmE′ donnera le mouvement vrai en grandeur et en direction. Mais EE′ n'est que la corde de l'arc parcouru : la courbe décrite, si le mouvement n'est pas rectiligne, s'obtiendrait par la combinaison d'observations faites à des intervalles suffisamment grands.

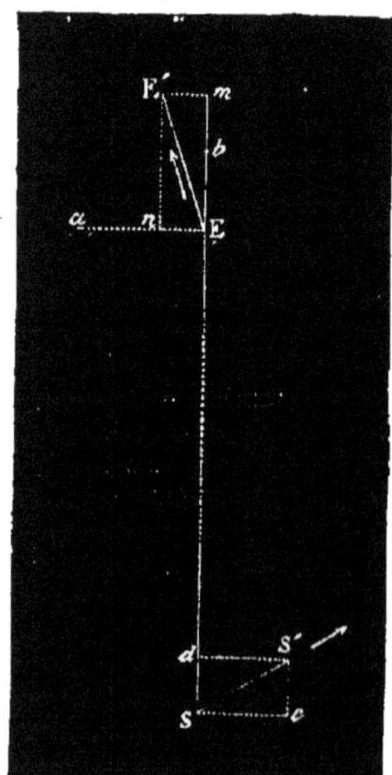

Fig. 27. — Vitesse réelle d'une étoile. Composition de ses mouvements et de celui du Soleil.

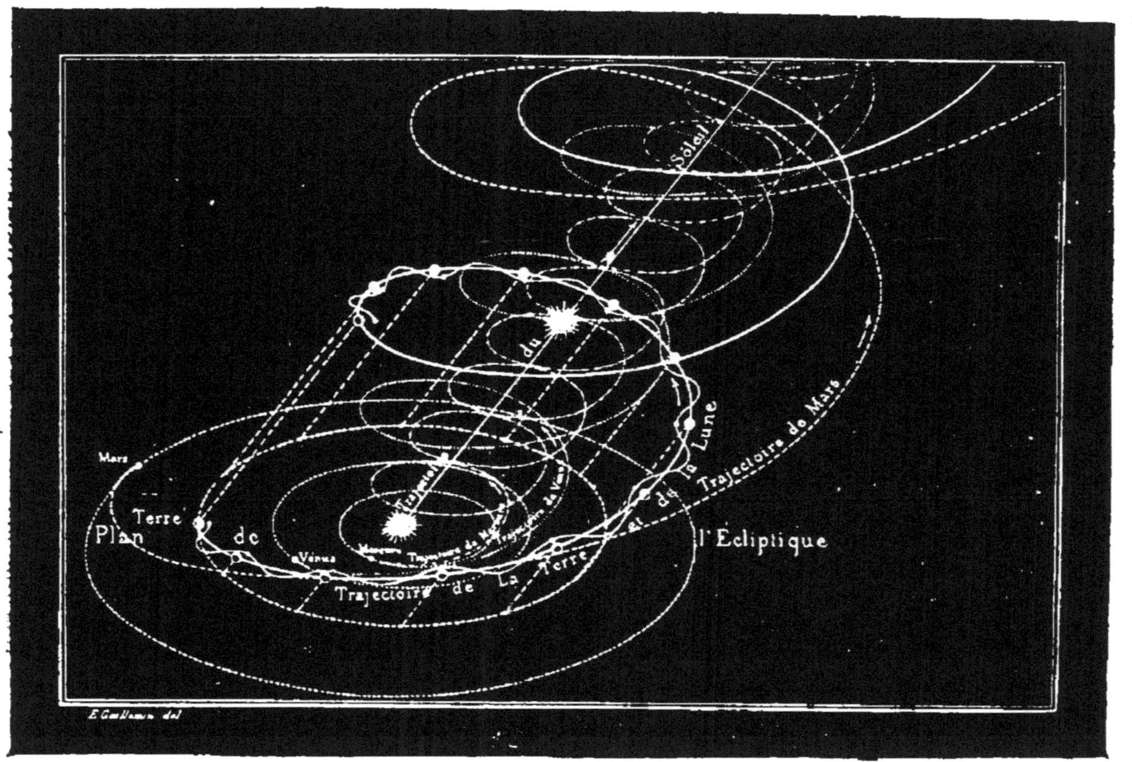

Fig. 28. — Trajectoires réelles décrites par les planètes, en vertu du mouvement de translation dans l'espace du système solaire.

et Arcturus se rapprochent du Soleil ou de la Terre; ces étoiles parcourent par seconde, la première 61 et la seconde 100 kilomètres. La plus faible de ces vitesses dépasse des $\frac{3}{4}$ celle de la Terre dans son orbite et vaut près de sept fois celle du Soleil; la plus

Fig. 29. — La constellation d'Orion. Apparence actuelle.

forte atteint près de quatre fois celle de notre planète et plus de treize fois celle du système solaire.

§ 4. — Quelle est la route suivie par notre globe dans l'espace ?

On voit de combien il s'en faut que les étoiles *fixes* des anciens astronomes soient immobiles, puisque c'est parmi elles qu'il faut chercher les plus rapides des mouvements célestes connus. Le repos n'est donc nulle part dans l'Univers ; aucun de ses points n'échappe à cette grande loi du mouvement universel. Une conséquence évidente de cette perpétuelle mobilité des astres, c'est que le mouve-

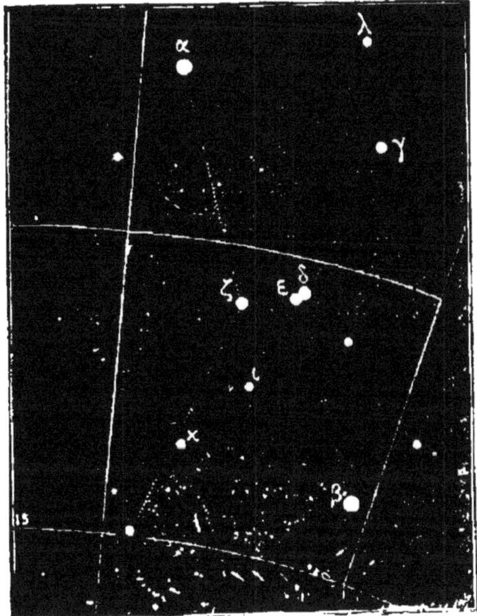

Fig. 30. — La constellation d'Orion dans 36000 ans

ment vrai, absolu, de chacun d'eux dans l'espace, ne peut être connu ni dans sa vitesse, ni dans sa direction, ni dans la forme de la trajectoire décrite, puisque aucun point de repère fixe ne permet de rapporter ce mouvement à une commune origine.

Il est donc certain que nous ne connaîtrons jamais d'une manière absolue la route que nous suivons dans l'espace, et nous en pouvons dire autant de tous les corps du monde solaire. La Lune circule autour de la Terre, mais l'ellipse qu'elle décrit ne nous donne qu'un mouvement relatif; car en même temps la Terre tourne autour du Soleil et, ce dernier supposé immobile, il en résulte déjà que notre satellite décrit une courbe à inflexions variées, une espèce de cycloïde, que les perturbations planétaires compliquent encore. Mais puisque le Soleil se meut, la courbe de l'orbite lunaire est elle-même entraînée dans ce mouvement, et sa forme réelle dans l'espace se complique de nouveau. Qui sait où s'arrête cet enchevêtrement de courbes, cette combinaison d'orbites, dont la dernière connue n'est sans doute qu'apparente? Le Soleil, nous le verrons plus loin, est dans la Voie Lactée, qui paraît être une agglomération de systèmes de mondes, et il est probable qu'il fait partie de l'un de ces systèmes particuliers; mais l'ensemble des astres qui composent ce système est sollicité par les gravitations de tous les autres, il en résulte sans doute un mouvement d'ensemble, peut-être dans le plan principal de la grande nébuleuse. La Voie Lactée elle-même, avec ses millions d'étoiles, qu'est-elle dans l'Univers visible, sinon un archipel dans l'Océan? mais un archipel en marche, qui vogue dans les profondeurs infinies, comme toutes les autres voies lactées dont les télescopes ont signalé l'existence. Quand la pensée se plonge dans ces abîmes, elle prend le vertige; elle perd pied avec la science même qui a su lui ouvrir ces perspectives dans l'infini de l'espace et de la durée!

Si les étoiles se meuvent inégalement et dans divers sens, si le Soleil progresse vers un certain point du ciel, qu'en doit-il résulter à la longue pour l'aspect de la voûte étoilée vue de la Terre? Une déformation continue qui finira par donner aux constellations d'autres apparences que celles qu'on leur connaît aujourd'hui. « La Croix du Sud, dit Humboldt, ne conservera pas toujours sa forme caractéristique, car ses quatre étoiles marchent en sens différents et avec des vitesses inégales. On ne saurait calculer aujourd'hui combien de myriades d'années doivent s'écouler jusqu'à son entière dislocation [1]. » Nous pouvons donc être tranquilles et étu-

1. *Cosmos*, III, p. 215. Ces paroles d'Humboldt doivent être aujourd'hui rectifiées ou complétées. Des cartes du ciel ont été dressées d'après les catalogues des mouvements propres connus, dus à MM. Stone et Main. D'après une carte de ce genre publiée par M. Proctor, nous donnons ici quelques exemples des transformations que subiront les constellations par l'effet de l'accumulation des mouvements propres des étoiles dans la suite des siècles. Les constellations de la Grande-Ourse, de Cassiopée, d'Orion sont tracées dans les figures 22 à 25, 29 et 30, d'une part avec leurs formes actuelles, de l'autre avec celles qu'elles auront dans 36,000 ans, si toutefois les mouvements propres dont les étoiles qui les composent sont affectées, conservent pendant ces 360 siècles les directions et les intensités que les flèches indiquent. C'est là, on le comprendra, une réserve nécessaire. M. Faye, s'appuyant sur des observations de plus d'un demi-siècle, affirmait qu'il n'avait pu reconnaître dans le mouvement propre de la 1830e Groombridge, « rien qui indiquât un défaut d'uniformité dans la vitesse, ni une altération quelconque dans la direction. Si l'on prolonge indéfiniment, continue notre savant compatriote, l'arc de grand cercle parcouru par l'étoile, de manière à tracer sur la sphère la série des points qu'elle occupera successivement dans la suite des siècles, on arrive à une région remarquable occupée par un amas d'étoiles qu'on nomme la Chevelure de Bérénice. Et l'on peut affirmer que si le mouvement de la 1830e Groombridge ne se ralentit pas, s'il ne change pas de direction, dans 7080 ans, courte période pour des mouvements de ce genre, elle aura parcouru 13°49′ (13°41′ selon Argelander); elle sera

dier le ciel tel qu'il est, sans craindre une confusion prochaine : laissons à nos arrière-neveux de l'an 9000 le soin de reconnaître la position que possédera alors l'étoile des Chiens de chasse classée sous le n° 1830 dans le catalogue de Groombridge, que son mouvement propre aura entraînée jusqu'au milieu de la Chevelure de Bérénice.

au milieu de cet amas d'étoiles dont rien ne la distinguera : ce sera une étoile de 6e grandeur de plus au milieu d'un amas d'étoiles de 5e et de 6e grandeur. »

CHAPITRE V

ÉTOILES DOUBLES ET MULTIPLES

§ 1. — Nombre et classification des étoiles doubles. Étoiles multiples.

Il y a dans le voisinage de Wéga, la plus brillante étoile de la constellation de la Lyre, une petite étoile de 4e grandeur, dont la forme allongée, reconnaissable à la vue simple, laisse soupçonner la réunion de deux points lumineux. En effet, quand on se sert pour l'examiner d'une simple lorgnette de spectacle, on voit distinctement deux étoiles (ε, ou 4 et 5, dans les catalogues), l'une de grandeur 4.5, l'autre de grandeur 5.4, séparées l'une de l'autre par un intervalle égal à la neuvième

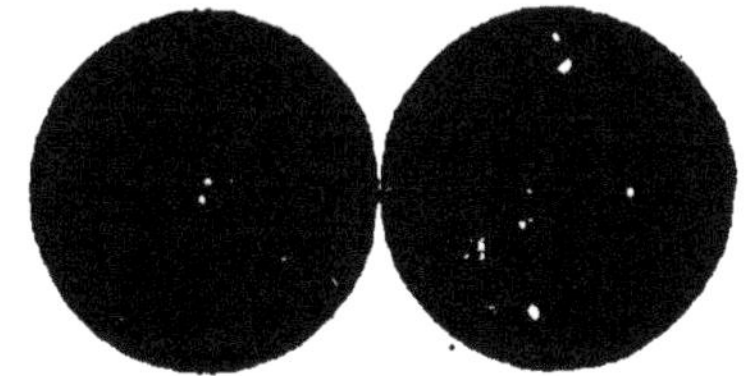

Fig. 31. — ε de la Lyre. 1. Vue double dans une petite lunette (pouv. 4). 2. Vue dans une lunette 15 fois plus forte (pouv. 60).

partie environ du diamètre apparent de la Lune [1].

Est-ce là ce qu'on nomme, en astronomie, une *étoile double ?* Non : il y a bien, entre cette réunion de deux étoiles et les couples stellaires, une certaine analogie; mais la distance des deux astres est ici beaucoup trop grande, et la dénomination d'étoiles

Fig. 32. — Etoiles doubles 4 et 5, comprenant ε de la Lyre, vues dans un télescope de 10 à 12 centimètres d'ouverture.

doubles est restreinte à celles dont la distance apparente ne dépasse pas la sixième partie environ de l'intervalle qu'on vient de citer. A l'œil nu, ou même dans les lunettes de moyenne force, un couple d'étoiles aussi rapprochées apparaît comme un simple

1. C'est-à-dire égal à 3′27″. Heis les voit séparées à l'œil nu, par un temps bien clair. « Stellæ 4 et 5 Lyræ claro aere sejunctæ videntur, » dit-il dans son catalogue de l'*Atlas cœlestis novus*.

point lumineux; il faut employer, pour distinguer les étoiles qui le composent, des instruments d'une force optique considérable. En général, on considère comme formant une étoile double, tout couple dont les deux étoiles composantes sont à une distance inférieure à 32". Si, dans un cercle décrit autour d'une étoile avec un rayon de 32", il se trouve deux autres points lumineux, la réunion des trois étoiles ainsi groupées forme une étoile triple. Elle est quadruple ou en général multiple, si le cercle en question renferme quatre, cinq ou un plus grand nombre d'étoiles. D'après cette définition, les deux étoiles 4 et 5 de la Lyre ne forment ni une étoile double ni une étoile multiple. Déjà cependant, l'application d'un moyen pouvoir optique laisse voir chaque composante oblongue. (Voyez fig. 31, 2.) Mais si l'on applique une lunette d'un pouvoir suffisant à l'examen de chacune des composantes, on trouve que l'une et l'autre sont séparément formées de deux étoiles, mais si rapprochées, que les intervalles séparant les composantes de chaque couple mesurent à peine 3", c'est-à-dire seulement la 70e partie de la distance totale des couples eux-mêmes [1]. Il y a un siècle, on ne connaissait que vingt

1. Struve. En réalité, comme le montre la figure 32, il y a huit étoiles comprises dans ce que l'œil nu fait voir comme une étoile un peu allongée; trois petites étoiles, dont 2 de 13e grandeur, se trouvent encore dans l'intervalle qui sépare 4 et 5. Comme leurs distances mutuelles sont comprises entre 20" et 30", ces trois étoiles forment une étoile triple comprise entre deux étoiles doubles. Les composantes de ε (ou 4) sont de 5e et 6.5 grandeur; celles de l'étoile 5 sont l'une de 5e, l'autre de 5.5.

groupes de ce genre ; aujourd'hui les observateurs en ont recensé plus de dix mille [1].

Il serait intéressant de savoir quelle est la proportion du nombre des étoiles doubles à celui des étoiles simples, dans les divers ordres de grandeur. Pour établir son catalogue de 3112 étoiles doubles, W. Struve a dû passer en revue 120 000 étoiles, depuis la première jusqu'à la 8e grandeur. Cela fait 1 étoile double sur 40, ou 1 étoile double contre 39 étoiles simples. Cette proportion générale paraît plus forte, si l'on s'en tient aux six ou sept premiers ordres de grandeur. En effet, sur les 5421 étoiles visibles à l'œil nu du catalogue de Heis, il y en a 425 qui se trouvent dans le catalogue de Struve ; cela fait à peu près 1 étoile double sur 13, ou 1 double contre 12 simples. Mais il est intéressant de voir comment ces 425 couples se répartissent selon les grandeurs ; le voici :

1re	grandeur	1	étoile	double	sur	13	simples	ou	1	contre	12.0
2e	—	10	—	—	—	48	—		1	—	3.8
3e	—	33	—	—	—	152	—		1	—	3.6
4e	—	50	—	—	—	313	—		1	—	5.2
5e	—	88	—	—	—	854	—		1	—	8.7
6e	—	242	—	—	—	3974	—		1	—	15.4

Il semble résulter de là que la proportion des étoiles doubles va en diminuant avec l'éclat, c'est-à-

1. Kirch, Bradley, Flamsteed, Tobie et Christian Mayer, W. Herschel dans le siècle dernier ; les deux Struve, Bessel, Argelander, Dembowski, Savary, Y. Villarceau, Encke et Gall, Preuss et Mædler, sir John Herschel, dans la première moitié du dix-neuvième siècle, ont attaché leurs noms, les uns à la découverte, les autres à l'étude mathématique de ces couples, aujourd'hui si nombreux et si intéressants. Le dernier catalogue général publié par sir J. Herschel renferme un nombre total de 10,300 étoiles doubles ou multiples ; mais tous les ans, de nouveaux couples viennent s'ajouter aux couples déjà recensés.

dire en général avec la distance, comme cela ressort déjà de la comparaison des étoiles doubles visibles à l'œil nu, avec celles qui exigent le secours des télescopes. Cela tient probablement en partie à la faiblesse relative du satellite, c'est-à-dire de l'étoile la plus faible dans les couples où l'étoile principale (ou la primaire) est elle-même très-petite, mais aussi et pour une part sans doute plus forte, à la difficulté de dédoubler des couples dont les composantes ont une trop petite distance apparente et se confondent ainsi dans les télescopes. Ces deux causes se rapportent l'une et l'autre à l'augmentation de la distance qui correspond à la diminution de l'éclat [1].

1. W. Struve a divisé les étoiles doubles en huit classes, selon la distance des composantes. Voici quelques échantillons pris dans chacune d'elles :

1re *classe.* De 0" à 1".	γ Couronne boréale. ζ Hercule. η Couronne. ω Lion. Atlas des Pléiades. 42 Chevel. de Bérénice.
2e *classe.* De 1" à 2".	δ Cygne. ζ Bouvier. ξ Grande-Ourse. σ Couronne boréale.
3e *classe.* De 2" à 4".	γ Lion. γ Vierge. δ Serpent. ε Bouvier. ζ Orion. 44 Bouvier.
4e *classe.* De 4" à 8".	α Croix du Sud. α Hercule. ζ Couronne. α Gémeaux. 70 Ophiucus. 32 Éridan.
5e *classe.* De 8" à 12".	β Orion. η Cassiopée. ι Orion. γ Bélier.
6e *classe.* De 12" à 16".	α Centaure. β Scorpion. ζ Grande-Ourse. 61e Cygne.
7e *classe.* De 16" à 24".	ζ Poissons. α Chiens de chasse. χ Taureau. 41 Dragon.
8e *classe.* De 24" à 32".	δ Hercule. η Lyre. ψ Dragon. χ Cygne.

Fin de la note au verso.

La réunion de deux soleils dans un petit espace de la voûte étoilée est-elle purement fortuite ? Ou bien faut-il la considérer comme une liaison réelle des deux astres, formant un véritable système? Dans la première hypothèse, le rapprochement des deux étoiles n'est qu'apparent ; il est dû à un effet de perspective, le rayon visuel qui aboutit à la plus rapprochée des deux, se confondant presque avec celui qui va chercher la seconde à des profondeurs beaucoup plus considérables encore. Dans le second cas, les deux soleils sont à des distances à peu près égales de la Terre, et leur rapprochement apparent vient de la petitesse relative de leur distance mutuelle. Mais alors les deux étoiles exercent sans doute l'une sur l'autre une action attractive qui dépend de leurs masses ; elles doivent tourner autour de leur centre de gravité commun, c'est-à-dire former un système. De là cette distinction des étoiles doubles en couples *optiques* et en couples *physiques*, selon que la réunion des deux composantes de chaque couple est simplement apparente ou réelle.

Il a, en outre, cru nécessaire de subdiviser chacune de ces classes en deux groupes, le premier comprenant les étoiles doubles brillantes, dont le satellite n'est pas au-dessous de la 8e grandeur; le second groupe comprend les autres étoiles. Cette division en classes a l'inconvénient de n'être pas immuable, puisque, comme on le verra plus loin, les composantes des couples physiques se déplacent. Mais cet inconvénient se change en avantage, en permettant de constater ces mouvements par le passage d'une étoile d'une classe à l'autre.

§ 2. — Étoiles multiples.

La réunion de deux soleils à l'intérieur d'un cercle dont le rayon maximum est de 32″, constitue les étoiles doubles, au sens restreint où se placent les astronomes qui, comme W. Herschel, W. Struve, sir J. Herschel, se sont particulièrement occupés de

Fig. 33. — Étoiles triples et quadruples, d'après les observations de sir J. Herschel. — 1. Étoile triple de la Licorne (73 J. H. 11e, 13e et 15e gr.). — 2. Étoile triple 30 Pégase (962 H. 5 , 19e et 20e gr.). — 3. Étoile quadruple du Taureau (343 H.). — 4. Étoile quadruple de Cassiopée (2166 H.).

cet objet. Mais il est des exemples de groupes, où les satellites sont à une distance plus éloignée de la principale, et qui cependant paraissent être des couples physiques. Quand le nombre des étoiles comprises dans le cercle en question est trois, quatre, cinq, etc., les étoiles sont alors *triples*, *quadruples*, *quintuples*..., et en général *multiples*. Parmi les étoiles du catalogue de Struve, « il y a, dit cet astronome, 11 groupes ternaires brillants, où chacune des trois étoiles n'est pas au-dessous de la 8e grandeur, et deux groupes quadruples. J'ai indiqué 57 étoiles triples et multiples, où l'un des satellites au moins est au-dessous de la 8e grandeur. J'ai, en outre, donné un catalogue de 59 étoiles triples et multiples dans un sens plus étendu, parmi lesquelles, auprès de deux étoiles distantes de 32″ tout au plus, on en découvre une troisième, une quatième à une distance moindre de 80″. » La plupart de ces groupes forment des systèmes physiques, c'est-à-dire sont de réelles associations de soleils, ainsi que nous le verrons bientôt. En résumé, le catalogue de W. Struve renferme en tout 129 étoiles multiples sur un nombre de 3112, ou bien 1 sur 24. Les six premiers catalogues de J. Herschel, qui contiennent à peu près deux fois autant d'étoiles doubles (il y en a 5449 nouvelles), donnent :

Sur 5449 étoiles multiples	275	étoiles	triples.
	25	—	quadruples.
	4	—	quintuples.
	2	—	sextuples.
	1	—	septuple.
	1	—	multiple.

En tout 308 étoiles multiples, ou 1 sur 17.7 environ.

Citons quelques-unes des plus remarquables étoiles de ces derniers groupes.

Étoiles triples.	*Étoiles quadruples.*	*Étoiles sextuples.*
ψ Cassiopée.	β Lyre.	1 étoile du Dauphin.
γ Andromède.	β Gémeaux.	1 étoile des Chiens de chasse.
ζ Écrevisse.	β Petit-Cheval.	1 étoile de la Couronne boréale.
α Andromède.	μ Sagittaire.	—
ξ Scorpion.	8 Lézard.	
γ Vierge.	—	
η Couronne.	*Étoiles quintuples.*	*Étoile septuple.*
11 Licorne.	ω^3 Cygne.	θ Orion.
12 Lynx.	1 étoile du Cocher.	1 étoile du Grand-Nuage.
ξ Balance.	1 étoile du Taureau.	

Quelques-uns des groupes d'étoiles multiples sont fort intéressants. La variété d'éclat ou de grandeur, et de couleur des composantes, leurs configurations,

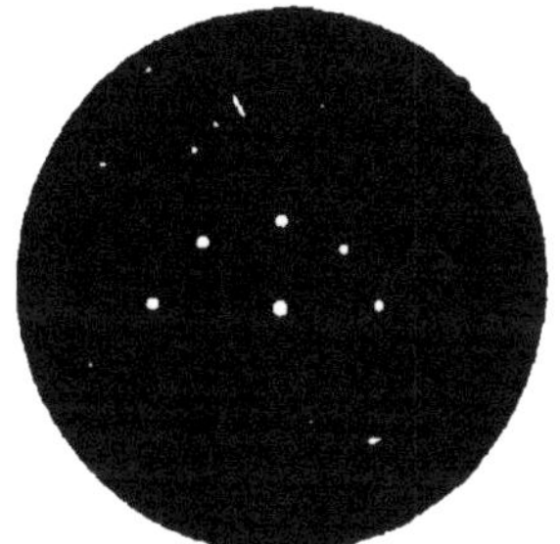

Fig. 34. — Étoile multiple sextuple (548 H.).

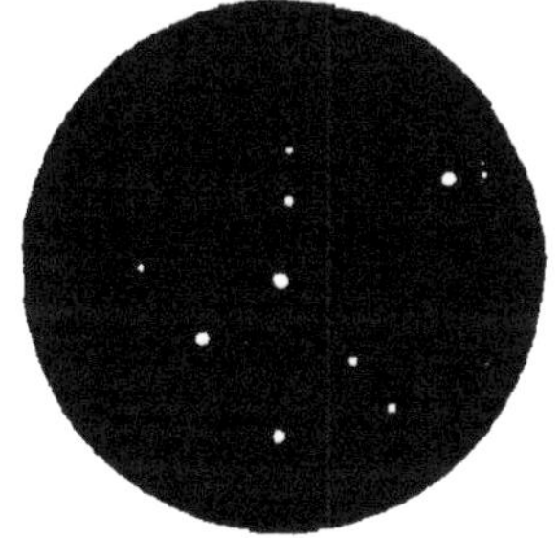

Fig. 35. — Étoile septuple dans le Grand-Nuage (3796 H.).

leurs positions au centre d'amas stellaires ou de nébuleuses, en font des objets d'une délicatesse et d'une élégance (ce sont les expressions de J. Herschel) qui ne le cèdent en intérêt qu'aux questions relatives à la dépendance physique de ces systèmes et aux lois qui les régissent. Nous en donnons ici quelques exemples (fig. 33 à 35), d'après la description de l'observateur.

3. — Étoiles doubles physiques. Systèmes binaires.

On vient de voir que les étoiles doubles ont été divisées en deux classes ou catégories, celle des couples optiques et celle des couples physiques. Une telle distinction n'est-elle pas arbitraire, et si, comme nous allons le voir, elle correspond bien aux faits, à quels caractères peut-on reconnaître qu'une étoile double appartient à l'une ou à l'autre de ces catégories? Voyons d'abord comment, dès l'origine, s'est justifiée la distinction.

Quand le nombre des étoiles doubles connues était fort restreint, on aurait pu croire qu'elles résultaient d'un groupement accidentel, purement apparent ou optique. Cependant déjà, le calcul des probabilités démontrait qu'il devait y avoir une réelle connexion physique entre le plus grand nombre des étoiles ainsi rapprochées. Mitchell, par exemple, affirmait qu'il y avait 500 000 à parier contre 1, que les six étoiles visibles à l'œil nu des Pléiades ne sont pas groupées par l'effet du hasard; c'était là un exemple un peu exceptionnel; mais, en partant d'un raisonnement analogue, ce savant fut également conduit, comme Lambert, Kant et Christian Mayer le furent à leur tour, à regarder les étoiles doubles comme des systèmes de deux soleils gravitant l'un vers l'autre. Ces premières affirmations étaient d'abord quelque peu conjecturales; mais elles se justifièrent de plus en plus, à mesure que vint à croître le nombre des étoiles doubles observées, et elles ne laissèrent plus aucun doute, quand les mouvements de révolution furent positivement constatés pour quelques-unes d'entre elles. W. Struve, s'appuyant sur la remarque évidente que, dans l'hypothèse où il n'y aurait que des étoiles doubles optiques, le nombre de ces couples devrait augmenter à mesure que l'on passe d'une classe à la suivante, c'est-à dire à mesure que la distance des composantes est plus grande, trouva, au contraire, que ce nombre diminue. Ainsi les étoiles doubles de la 8e classe (de 24″ à 32″) sont moins nombreuses que celles de la 1re (0″ à 1″), tandis qu'elles devraient être 448 fois plus nombreuses, si toutes les étoiles doubles étaient optiques. Appliquant alors le calcul des probabilités aux nombreux éléments d'observations qu'il avait rassemblés, il arriva aux importantes conclusions suivantes :

« Sur 653 étoiles doubles brillantes des 8 classes (de 0″ à 32″), il y a au moins 605 étoiles doubles physiques, et seulement 48 étoiles doubles optiques ; donc 1 *couple optique sur* 13 *couples physiques* ;

« Les 178 étoiles doubles brillantes de 1re et de 2e classe sont *toutes, sans exception, des couples physiques ;*

« Parmi les 263 étoiles doubles d'une distance comprise entre 2″ et 8″, 260 sont physiques ; 3 seulement sont optiques, ou 1 *sur* 88 ;

« Sur 106 étoiles doubles distantes de 8″ à 16″, 97 sont vraisemblablement physiques et 9 optiques ; ou environ 1 optique sur 12 ;

« Sur 106 étoiles doubles distantes de 16″ à 32″, 70 sont des couples physiques, 36 des couples optiques ;

« Sur 612 étoiles doubles dont le satellite est très-faible, il y en a encore 483 qu'on peut considére comme des couples physiques. »

Les mêmes considérations enfin ont conduit Struve à regarder comme liées par une connexion physique, les composantes d'un grand nombre de systèmes d'étoiles ternaires ou d'étoiles multiples [1].

Il ne s'agit jusqu'à présent que de probabilités, de conjectures, basées, il est vrai, sur un ensemble d'observations nombreuses. Arrivons à des caractères distinctifs plus précis, permettant de décider de la nature probable ou même certaine d'un couple individuel, d'une étoile double déterminée.

L'un de ces caractères, c'est le mouvement propre des composantes du couple. Ont-elles un mouvement propre commun, de même sens et de même amplitude? Il est alors extrêmement probable qu'il s'agit d'un véritable système, de deux étoiles liées par une dépendance physique réciproque. Au contraire, l'une des deux étoiles est-elle animée d'un mouvement propre, auquel son compagnon ne participe point, ou qui diffère notablement en direction et en vitesse du mouvement de ce dernier, il est probable que l'association n'est point réelle, que la réunion est due à la coïncidence fortuite des rayons visuels, et que les deux étoiles sont à des distances fort inégales du système solaire. La 61e du Cygne a été un des premiers exemples reconnus du premier cas : les deux

1. On vient de voir que cet astronome fait une distinction des étoiles au point de vue de l'éclat relatif des composantes, et cela se conçoit. Quand l'étoile principale et son satellite sont à peu près de même grandeur, toutes deux brillantes ou toutes deux faibles, la probabilité qu'on a affaire à des couples physiques est plus grande. Au contraire, une étoile brillante accompagnée d'une étoile très faible, laisse supposer que celle-ci est peut-être beaucoup plus éloignée, et qu'il s'agit d'un couple optique.

composantes de 6e grandeur qui forment ce couple, ont un mouvement propre commun qui les a fait déplacer de 12′ en 150 ans dans une même direction. Struve, en examinant 41 étoiles doubles du catalogue de Bessel, a reconnu que le mouvement propre de la principale est le même que celui du satellite pour 40 d'entre elles, « ce qui, ajoute-t-il, en décide l'alliance physique. » Ce caractère a permis de reconnaître une pareille dépendance dans des couples dont la distance est comprise entre 32″ et 7′ : telle est l'étoile double 40 de l'Éridan ; telle est encore la brillante étoile double Castor, qui a un 3e satellite de 10e grandeur à 73″ de la principale, de sorte que probablement il y a là un véritable système ternaire. Parmi les étoiles multiples, θ d'Orion est, sous ce rapport, une des plus remarquables. On la connaissait d'abord comme une étoile quadruple, dont les composantes forment un quadrilatère placé au centre d'une nébuleuse que nous décrirons

Fig. 36. — θ d'Orion, étoile sextuple, d'après sir J. Herschel.

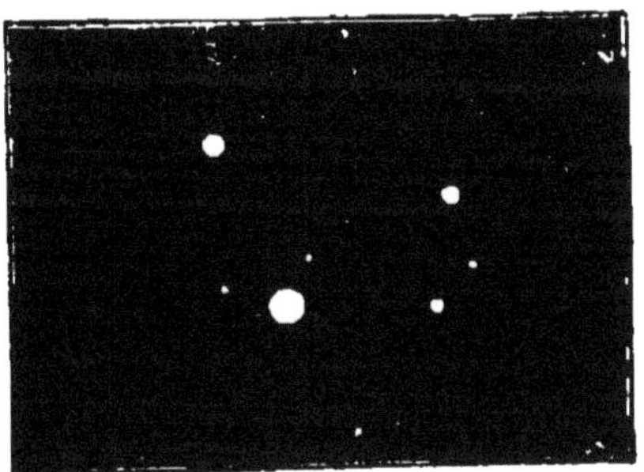

Fig. 37. — θ d'Orion, étoile septuple, d'après M. Lassell.

ailleurs et qui sont de 4e, 6e, 7e et 8e grandeur. L'emploi de télescopes plus puissants a fait découvrir ensuite deux fort petites étoiles, de sorte qu'il y a là un groupe de six étoiles, dont Humboldt disait : « Probablement l'étoile sextuple Thêta d'Orion constitue un véritable système, car les cinq plus petites étoiles partagent le mouvement propre de l'étoile principale. » Ajoutons que M. Lassell a récemment découvert une septième composante dans ce remarquable système, de sorte que θ d'Orion est une étoile septuple. Une étude attentive de ce groupe, sur lequel est fixée l'attention des astronomes, finira par montrer ce qu'il y a de vrai dans l'hypothèse d'Humboldt : verra-t-on un jour les composantes se déplacer sur leurs orbites, et la science s'enrichir d'un fait nouveau bien digne de la méditation des géomètres, celui des mouvements réciproques et simultanés de sept soleils ?

En revanche, d'autres étoiles doubles, comme Ataïr, Aldébaran, Pollux, dont les satellites de 10e et 11e grandeur sont à des distances de 2'.5, de 3'.5 et de 2', ont été reconnues pour des couples optiques, par la comparaison des mouvements propres des composantes [1].

1. Deux mouvements propres, égaux et de sens contraire, tels que ceux des composantes de l'étoile double de la Girafe 684 Σ, peuvent, d'après Otto Struve, indiquer une connexion physique ; les deux masses à peu près égales se meuvent alors en sens contraire autour du centre de gravité commun.

§ 4. — Orbites des étoiles doubles.

Arrivons au caractère le plus important, le plus décisif, de l'existence des couples physiques dans les étoiles, c'est-à-dire au mouvement de circulation du satellite autour de l'étoile principale. Si, en effet, les composantes d'un couple sont réellement voisines, si leurs distances au système solaire sont à peu près égales, et si dès lors leur distance mutuelle n'est qu'une faible fraction des premières, les deux soleils voisins devront graviter l'un vers l'autre, décrire chacun une orbite fermée autour du centre de gravité commun. Ce mouvement se manifestera par un déplacement relatif des composantes, qui changeront simultanément de direction et de distance. De tels mouvements ont été constatés en effet; mais comme ils s'accomplissent avec lenteur, et que les variations dont il s'agit, exigent des mesures délicates, faites pendant de longues années, il a fallu un certain temps avant que l'on pût formuler à cet égard des conclusions positives. C'est W. Herschel qui parvint le premier (de 1776 à 1804) à établir la réalité des révolutions et à en calculer approximativement la durée ; mais il s'écoula encore un quart de siècle avant qu'on réussît à déterminer avec précision les éléments d'une des orbites. La première orbite calculée (1829) fut celle de l'étoile double ξ de la Grande-Ourse, et c'est à un jeune et savant astronome français, Savary, qu'en revient la gloire [1].

1. La *Connaissance des temps pour* 1830 contient le Mémoire important, où Savary expose sa méthode pour calculer les orbites des étoiles doubles, basée sur quatre

Trois ans après Savary, Encke détermina les éléments du système binaire de l'étoile 30 *p* Ophiucus. Puis vinrent successivement les systèmes ζ Hercule, η Couronne boréale, Castor, γ Vierge, ζ Écrevisse, α Centaure. Yvon Villarceau, J. Herschel, Mædler, Hind, Jacob sont les noms des savants géomètres qui se livrèrent à ces recherches importantes en indiquant des méthodes nouvelles, les unes analytiques, les autres géométriques, pour le calcul des orbites d'étoiles doubles.

Entrons dans quelques détails sur les systèmes binaires les mieux connus. Nous donnerons ensuite un tableau qui résumera les éléments principaux de quelques autres.

ξ *de la Grande-Ourse* est une étoile de 4ᵉ grandeur située sur les limites de la constellation, près du Petit-Lion. Les deux composantes sont l'une de 4ᵉ, l'autre de 5ᵉ grandeur. L'orbite trouvée par Savary était basée sur trois observations de W. Herschel en 1781, 1803 et 1825, et une de Struve en 1820. La durée de la révolution était indiquée de 58 ans $\frac{1}{4}$. Depuis, Mædler, Yvon Villarceau, J. Herschel l'ont à nouveau calculée en partant d'observations plus nombreuses, et ont respectivement trouvé : 61ᵃ.3, 61.576, 60.720, de sorte que la période de 61 années peut être considérée comme une moyenne très-approchée. En 1842, une révolution complète s'était écoulée depuis les premières

observations complètes, c'est-à-dire sur quatre observations où l'angle de position et la distance du satellite ont été mesurés à des intervalles de temps suffisants. Une note donne en outre l'application de cette méthode à ξ Grande-Ourse.

observations d'Herschel, et la seconde, qui se terminera en 1903, est aujourd'hui à plus de moitié accomplie. L'étoile satellite est passée au périhélie (ou périastre) en avril 1867.

70 *Ophiucus* (ou *p du Serpentaire*) est une étoile de 4e grandeur, dont les composantes sont de grandeur 6.5 et 7. 5. Encke trouva 73a 862 pour la durée de la révolution. Depuis, Villarceau, J. Herschel, Mædler, Powell ont obtenu 92.338, 80.340, 92.870 98.146. La moyenne probable est de 91 à 92 ans.

ζ Hercule est un des systèmes binaires dont la période de révolution est la plus courte. Mædler, Y. Villarceau, Plummer, Flechter ont calculé des orbites dont la période, en années sidérales, est 31. 468, 36.350, 36.606, 37.21. C'est une étoile de 3e grandeur, dont le satellite est de grandeur 6.5. Elle a présenté, vers 1793 et 1830, le phénomène intéressant d'une occultation apparente, le satellite étant venu, par son mouvement de révolution, se confondre dans les rayons de l'étoile principale [1].

1. Les orbites apparentes des étoiles doubles sont les seules qu'on observe : cela est de toute évidence. En joignant par un trait continu les différentes positions du satellite S S′ S″... mesurées par comparaison avec la principale E supposée immobile, on a l'orbite apparente, c'est-à-dire la projection de l'orbite réelle sur un plan perpendiculaire au rayon visuel. Si le plan de l'orbite coïncidait avec ce dernier, il y aurait identité entre les deux courbes; mais si, comme c'est le cas ordinaire, le plan de l'orbite vraie est incliné sur l'autre, c'est une courbe plus ou moins allongée que cette dernière, que donne l'observation. Enfin, si le rayon visuel est dans le plan ou très-voisin du plan de l'orbite vraie, l'orbite apparente est une ligne droite, le long de laquelle oscille le satellite. En 26 ans (1825-51) le satellite de l'étoile double 2760 Σ du Cygne n'a pas changé de direction, mais il s'est rapproché

η Couronne boréale, étoile de 5ᵉ grandeur, avec des composantes de grandeur 5.5 et 6, a une période

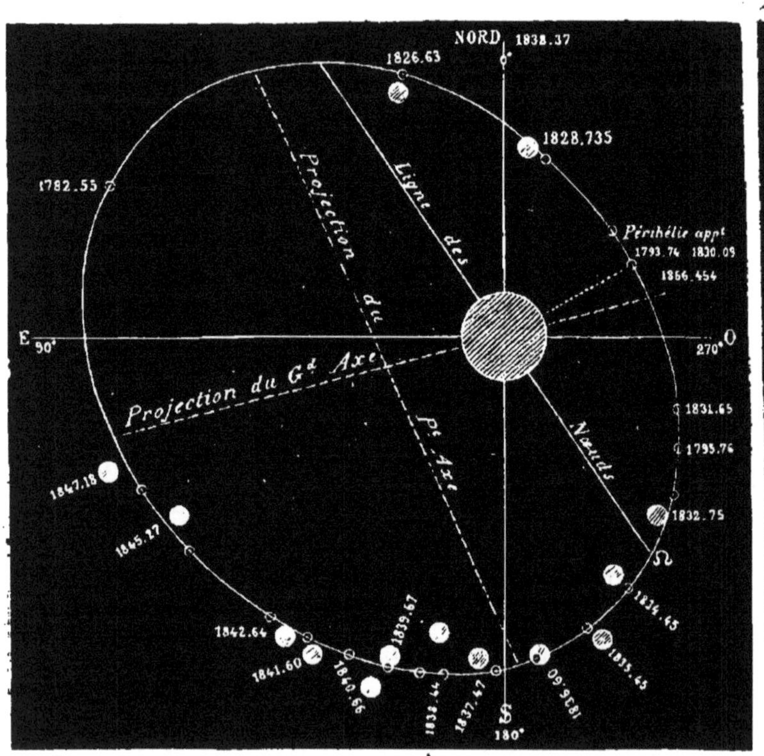

Fig. 38. — Orbite apparente de ζ d'Hercule. Positions observées et positions calculées du satellite, d'après Yvon Villarceau.

d'environ 43 ans. Mædler, Villarceau, J. Herschel, Winnecke en ont calculé l'orbite et ont trouvé pour

de l'étoile principale, de 14″.3 à 10″.9. Dans le cas d'une telle oscillation, le satellite doit paraître à deux reprises, par chaque révolution, coïncider avec l'étoile principale : il y a, comme pour les planètes Vénus et Mercure, conjonction inférieure ou conjonction supérieure. Mais cette disparition a lieu également lorsque, au périhélie apparent, le satellite est si voisin de la primaire, que les lumières

la durée de la révolution 42.500, 42.501, 44.242 et 43.677. La moyenne est d'un peu plus de 43 ans.

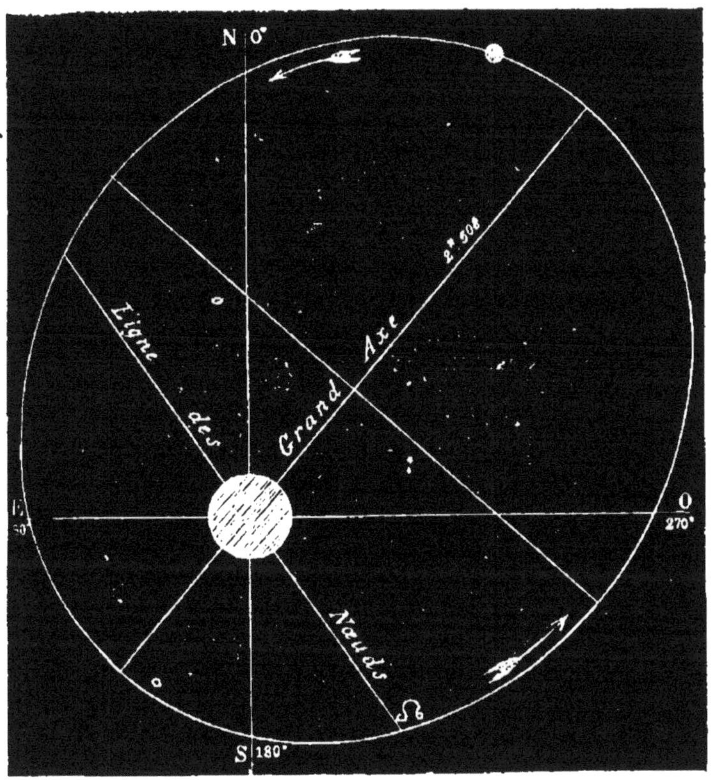

Fig. 39. — Orbite réelle de ζ d'Hercule, rabattue sur le plan de l'orbite apparente, d'après Yvon Villarceau.

Les éléments de l'orbite de Castor sont moins concordants. On évaluait à 330 ans, au siècle der-

des deux étoiles se confondent. C'est ce dernier cas qui s'est présenté de 1793 à 1800, et vers 1829, pour le satellite de ζ Hercule (et celui de δ du Cygne), que W. Herschel avait observé en 1780, qu'il ne revit plus vingt ans plus tard, et que Struve parvint à revoir en 1828. On peut voir en effet, dans la figure 38, qu'à ces diverses époques, le satellite était voisin de son périhélie apparent. L'étoile τ

nier, sa période de révolution, que Mædler en 1847 portait à 520 ans; Hind et Jacob lui assignent 632.27 et 653.1 années, et enfin une détermination plus récente (1872) due à M. Thiele, lui donnerait une durée bien plus considérable, de 996 ans. Castor ou α Gémeaux est une étoile dont l'éclat (2.1) est compris entre la 2e et la 1re grandeur, et ses composantes sont de 2.7 et 3.7 grandeur. On a vu qu'un troisième satellite, plus éloigné, fait en réalité de ce groupe un système ternaire.

γ Vierge est aussi une étoile triple ; mais les orbites calculées se rapportent aux deux composantes principales, toutes deux de 3e grandeur. Mædler, Y. Villarceau, J. Herschel lui assignent une période de 169.44, 153.787, 182.12 années.

ζ Écrevisse est encore une étoile triple, présen-

du Serpentaire a offert une semblable occultation à Struve; en 1827, le point lumineux affectait déjà une forme ovale et l'étoile parut de nouveau dédoublée en 1833.

W. Struve, en citant ces exemples remarquables, distingue trois formes particulières du phénomène : 1° celui d'étoiles qui, reconnues doubles d'abord, se sont tellement rapprochées qu'elles sont devenues insensiblement oblongues, ou même parfaitement simples. Dans ce nombre se sont trouvées : Atlas des Pléïades, η d'Hercule, ω du Lion, γ de la Couronne, γ de la Vierge, et l'étoile double 2173 du catalogue Σ (Struve) ; 2° le cas d'étoiles qui, simples antérieurement, sont devenues doubles, ou dont les composantes s'éloignent visiblement : telles sont τ du Serpentaire et 44 du Bouvier; 3° enfin celui où les deux phénomènes se sont trouvés réunis, et Struve en cite deux exemples : ζ d'Hercule, dont le satellite, dans l'espace de six ans, a disparu totalement et a reparu du côté opposé de la principale. L'étoile 42 Chevelure de Bérénice formait, de 1827 à 1829, un groupe binaire composé de deux étoiles presque de même grandeur; en 1833, l'étoile devint simple, même avec un grossissement de 1,000 fois. En 1835, elle redevint oblongue, et en 1838, les composantes ont reparu séparées.

tant cette circonstance remarquable que les trois composantes ont presque le même éclat ; leurs grandeurs sont en effet 5.0, 5.7 et 5.3. Les deux premières, les plus rapprochées, ont une période d'environ 60 ans. Les périodes calculées par Villarceau, Mædler, Plummer, Winnecke et O. Struve sont presque égales : 58.59, 58.23, 58.94 et 62.4 années.

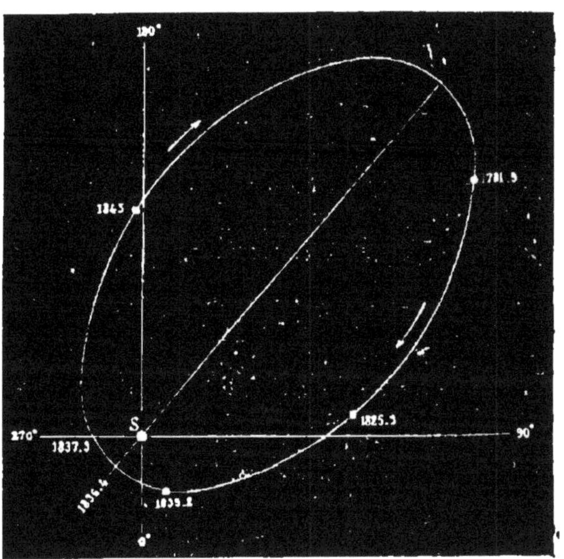

Fig. 40. — Orbite de l'étoile double γ de la Vierge, d'après J. Herschel.

Nous reviendrons plus loin sur cette étoile considérée comme système ternaire.

Parlons encore de la belle étoile double α du Centaure, dont les composantes sont de 1re et de 2e grandeur, et dont la période est comprise entre 75 et 80 ans. Villarceaux, Jacob, Powell et Hind en ont calculé les éléments ; ils en ont conclu les durées suivantes de la révolution 78.486, 77.0, 76.25

et 81.40 années. (Passage au périhélie en 1875.)

Beaucoup d'autres systèmes binaires sont connus, et un assez grand nombre d'orbites ont été calculées. On vient de voir par les chiffres qui expriment les durées des révolutions, dans les couples les mieux et les plus longtemps observés, qu'il ne s'agit encore que d'une approximation, laquelle est d'autant plus voisine de la vérité que les observations très-précises sont plus nombreuses, et que la portion de l'orbite parcourue depuis les premières recherches est une fraction plus grande de l'orbite entière. Quelques-unes ont achevé entièrement leurs révolutions sous nos yeux : nous l'avons dit déjà pour ξ Grande-Ourse ; depuis 1780, *p* Ophiucus a achevé la sienne en 1871 ; ζ Hercule en a accompli plus de deux, et la troisième sera terminée en 1888. α Centaure a été reconnue comme double en 1709 par le P. Feuillée ; vers 1900, elle aura donc achevé deux révolutions entières.

Les plus courtes périodes calculées sont, outre quelques-unes de celles que nous venons de donner, celles de l'étoile 42 de la Chevelure de Bérénice, d'environ 26 ans, et d'une étoile de l'Écrevisse (3121 Σ) qui est de 39 ans [1]. Les plus longues sont, outre la

1. Voici, en tout cas, le tableau de dix-huit autres périodes à joindre à celles que nous avons déjà données :

Étoiles doubles.	Périodes.	Calculateurs.
ω Lion.	82 ans 5	Villarceau.
	133.3	Klinkerfues.
3062 Σ Cassiopée. . .	94.8	Mædler.
	147	Id.
ξ Bouvier	117.1	J. Herschel.
	168.9	Hind.

période de Castor, celle de γ Lion, 400 ans environ, de σ Couronne boréale, 600 à 800 ans, de ζ du Verseau, qu'on évalue à près de 1600 ans. Mais ces chiffres ne doivent être acceptés qu'avec une grande réserve, parce que la portion d'orbite observée est encore beaucoup trop petite pour qu'on puisse calculer des éléments exacts.

Humboldt évaluait à 650 le nombre des couples physiques sur le total de 6000 étoiles doubles connues à l'époque où il écrivait. Le calcul des probabilités, d'après Struve, en indique une proportion bien plus grande, qu'on peut appliquer aujourd'hui à un nombre d'étoiles doubles encore plus considérable, puisqu'on a vu qu'il dépasse 10 000. Mais, si au lieu de baser une telle évaluation sur des conjectures, on veut n'admettre, parmi les couples physiques, que ceux où l'observation a positivement re-

Étoiles doubles.	Périodes.	Calculateurs.
δ Cygne	178.7	Hind.
	280.6	Behrmann.
σ Couronne	608.4	Mædler.
	736.9	Hind.
	843.0	Doberck.
	195.0	Jacob.
	240.0	Powell.
μ Bouvier	649.7	Hind.
	290.1	Doberck.
42 Bérénice.	25.7	O. Struve.
3121 Σ Écrevisse.	39.2	Fritsche.
η Cassiopée.	176.0	Doberck.
36 Ophiucus.	200.0	Smyth.
1757 Σ Vierge.	240.0	Id.
τ Serpentaire.	214.9	Doberck.
1938 Σ Bouvier.	314.4	Hind.
26 Andromède.	349.1	Doberck.
γ Lion.	402.6	Id.
ζ Verseau.	1478.0	Id.

connu les mouvements des composantes, on arrive encore à un total remarquable. Un catalogue des systèmes binaires publié par Chambers, comprenait déjà 166 couples physiques, parmi lesquels il y avait 111 systèmes reconnus, et 55 systèmes douteux ou soupçonnés. Une liste plus complète, de MM. Wilson et Gledhill, renferme 449 systèmes binaires. On connaît en outre 5 systèmes ternaires qui sont : ζ Écrevisse, 51 Balance, σ Couronne boréale, 2 Petit-Cheval et 2434 Σ. Il faut y joindre Castor, au moins comme système ternaire soupçonné. Ces nombres sont naturellement destinés à s'accroître, à mesure que le temps, en s'écoulant, permettra aux nouvelles observations de décider de la réalité des mouvements les plus lents.

En attendant, on peut déjà se faire une idée de la variété des orbites, par les durées si inégales des révolutions. Tandis que certaines d'entre elles s'accomplissent en des temps comparables à ceux des planètes les plus éloignées du Soleil, Saturne, Uranus, Neptune (il y a dans l'énumération précédente 13 systèmes qui n'ont pas 200 ans de révolution) ; d'autres, au contraire, paraissent se compter par siècles, et dépasser de beaucoup les durées des révolutions planétaires. Les systèmes de Castor, de 61 Cygne [1], de μ Bouvier, de γ Lion, de σ Couronne sont dans ce cas.

1. La difficulté de déterminer les périodes dont la durée est considérable, est inhérente à la lenteur du mouvement angulaire du satellite par rapport à l'étoile principale. Un exemple frappant de cette difficulté est donné par les composantes de 61 Cygne. La période évaluée à 452 ans, puis à 333 ans, est devenue tout à fait incertaine, et il semble même aujourd'hui (d'après O. Struve et Wilson) que le

Il y a, d'ailleurs, d'autres différences plus caractéristiques entre les orbites des étoiles et celles des planètes de notre monde solaire. Leur excentricité notamment est généralement plus forte que celle des planètes; elle est considérable dans quelques-unes, qui se trouvent rapprochées ainsi, au point de vue de la forme, des orbites cométaires [1]. Mercure a pour excentricité 0.205, et la plus elliptique des orbites planétaires connues, celle de Libératrix (125) 0.347. On voit donc, en se reportant au tableau que nous donnons en note, que, parmi les orbites calculées des étoiles doubles, deux seulement sont moins allongées que cette dernière, quoique plus excentriques encore que l'orbite de Mercure. La moins excentrique des orbites des comètes périodiques est celle de Faye (0.555) ; la comète d'Encke a pour

mouvement relatif, au lieu d'être orbital, soit rectiligne. Mais cela peut tenir à la grande obliquité du plan de l'orbite réelle, en même temps qu'à la grande durée de la période.

1. On peut s'en rendre compte dans le tableau suivant, où nous donnons l'excentricité et le demi-grand axe apparent, en regard de la période de révolution.

Systèmes binaires.	Demi-grands axes.	Excentricités.	Périodes ans.
ξ Grande-Ourse	2″.44	0.4315	61.6
70 *p* Ophiucus	4 .97	0.4445	92.3
ζ Hercule	1 .25	0.4482	36.4
η Couronne	0 .96	0.2865	43.7
Castor	6 .30	0.2405	632.3
	8 .09	0.7582	252.7
ζ Écrevisse	0 .93	0.3662	58.6
α Centaure	12 .13	0.7187	78.5
σ Couronne	3 .92	0.6998	608.4
	2 .94	0.3887	240.0
ω Lion	0 .86	0.6434	82.5
γ Vierge	3 .58	0.8795	182.1

excentricité 0.847. Donc, quatre des orbites précédentes, celles de γ Vierge, α Centaure, σ Couronne et ω Lion, sont tout à fait comparables sous ce rapport aux orbites cométaires.

Mais quelles sont les dimensions réelles de ces orbites ? C'est à quoi il n'est possible de répondre aujourd'hui, d'une façon un peu précise, que pour α Centaure, 70 Ophiucus, seules étoiles dont la parallaxe soit mesurée parmi les précédentes, ou encore pour la 61e Cygne, si l'on admet la période de 452 ans. Pour α Centaure, la distance moyenne des composantes est un peu plus de 13 fois la distance du Soleil à la Terre ; elle est comprise entre les rayons des orbites d'Uranus et de Saturne. Mais, à leur aphélie, les deux soleils s'éloignent jusqu'à la distance 22.6, et à leur périhélie, ils ne sont plus éloignés que de 3.7 rayons ; la première distance est 6 fois aussi grande que l'autre, et l'on se rend compte, de cette façon, de l'énorme excentricité de l'orbite.

Les deux étoiles de la 61e du Cygne ont une moyenne distance de 41 rayons de l'orbite de la Terre ; c'est plus d'une fois et un tiers la distance de Neptune au Soleil, ou 6 milliards 150 millions de kilomètres.

Enfin, les composantes de l'étoile 70 *p* d'Ophiucus sont à peu de chose près à la distance de Neptune au Soleil, si la parallaxe 0".162 calculée par M. Krüger est exacte [1]. Cette distance oscille d'ailleurs entre

1. « Plusieurs circonstances réunies, dit M. Yvon Villarceau, font de l'étoile *p* Ophiucus la plus intéressante peut-être des étoiles doubles de notre ciel boréal. La durée de sa révolution, actuellement bien connue, n'excède pas d'un

43.335 à l'aphélie, et 16.665 au périhélie, ou bien entre 6 milliards 400 millions et 2 milliards 470 millions de kilomètres.

Pour les autres systèmes, dont la parallaxe est inconnue, les dimensions réelles des orbites sont pareillement ignorées, à moins qu'on ne prenne hypothétiquement pour distances les moyennes qui correspondent à leurs grandeurs respectives. Nous avons fait ce calcul pour les systèmes du tableau précédent; les moyennes distances ainsi obtenues sont :

Systèmes binaires.	DISTANCES DES COMPOSANTES en rayons de l'orbite terrestre.	en millions de lieues.
ζ Hercule	16	592
π Couronne	26	962
Castor	54 ou 70	1998 ou 2590
σ Couronne	105 ou 80	3885 ou 2960
γ Vierge	47	1369
ξ Grande-Ourse	45	1295
ζ Écrevisse	25	925
ω Lion	36	1332

Le rayon de l'orbite terrestre étant pris pour unité, on voit que trois des distances moyennes (celles de ζ Hercule, ζ Écrevisse et η Couronne) se trouveraient comprises dans l'intérieur de l'orbite de Neptune; les cinq autres la dépasseraient pour atteindre jusqu'à trois fois et demie la distance de cette planète au Soleil, plus de quatre milliards de lieues! Mais les parallaxes de ces systèmes étant

dixième celle d'Uranus. Les grandes dimensions de l'orbite apparente, l'éclat des deux composantes et la rapidité du mouvement propre portent à considérer ce système comme étant probablement l'un des plus voisins de notre système solaire... » (Comptes-rendus, 1851.)

inconnues, ces nombres sont hypothétiques, et il est probable qu'ils sont au-dessous de la réalité.

§ 5. — La gravitation dans les systèmes stellaires.

Le mouvement de révolution de deux soleils, c'est-à-dire de deux corps brillants d'une lumière qui leur est propre, n'a rien de plus extraordinaire que celui d'une planète ou d'un corps obscur autour d'un Soleil. Un état physique particulier, tel que celui de l'incandescence des corps en mouvement, n'a rien d'incompatible avec les lois connues de la mécanique, ne modifie en rien les mouvements réciproques des astres en présence. Il est possible qu'à l'origine de notre monde solaire, plusieurs des planètes, aujourd'hui obscures, aient brillé comme le Soleil, et qu'ainsi notre système, qui maintenant est une étoile simple, ait pu être considéré jadis comme une étoile double ou même multiple.

C'est aussi l'analogie qui nous entraîne à supposer dans les systèmes stellaires des agglomérations semblables à celles de notre monde. Nous considérons volontiers chaque étoile comme un soleil entouré de corps plus petits, d'astres obscurs gravitant autour de lui, comme les planètes et les comètes gravitent autour de notre Soleil. Si cela n'existe point d'une façon absolument générale, du moins il est fort probable qu'il en est ainsi pour un grand nombre d'étoiles ; et rien n'empêche d'étendre l'hypothèse au cas des systèmes binaires ou multiples. Imaginons donc que les deux composantes d'une étoile double sont accompagnées chacune de comètes, de planètes et de leurs satellites, et essayons de nous faire une idée des mouvements relatifs de tous ces corps. Cela n'est rien moins que facile, du moins si l'on introduit dans l'hypothèse, l'idée de la stabilité du système, et si l'on compare les perturbations considérables que les rapprochements périodiques de deux masses solaires doivent produire dans les orbites planétaires, avec celles relativement faibles qui ont été constatées dans les mouvements des corps de notre système. D'après sir J. Herschel, une telle stabilité n'est concevable, que dans les systèmes binaires dont les composantes sont très-éloignées et les périodes de révolution fort longues. De plus, il faut admettre que les planètes de chacun de ces soleils sont accumulées dans des espaces relativement petits en comparaison de l'énorme intervalle qui sépare les deux composantes, à peu près dans la proportion où les distances de nos planètes principales à leurs satellites se trouvent par rapport aux distances des planètes au Soleil lui-même. « Une subordination moins nettement caractérisée, dit-il, serait incompatible avec la stabilité de leurs systèmes et avec la nature planétaire de leurs orbites. A moins d'être intimement nichées sous l'aile protectrice de leur supérieur immédiat, le passage de l'autre soleil au périhélie de leur propre soleil, pourrait les enlever, ou du moins les faire circuler dans des orbites absolument incompatibles avec les conditions nécessaires à l'existence de leurs habitants. Il faut avouer qu'il y a là un champ étrangement vaste et nouveau pour les excursions spéculatives. » (*Outlines of astronomy*, 6e édition.) Il y aurait en effet beaucoup à dire sur un tel sujet, et tout d'abord sur la légitimité des hypothèses de

J. Herschel lui-même. La stabilité des systèmes et les conditions que cette stabilité exige, peuvent fort bien ne pas exister dans tous. Nous ne voyons rien qui oblige à admettre que les planètes hypothétiques des systèmes stellaires soient habitées. Et si la vie n'est pas étrangère à ces mondes inconnus, rien ne nous empêche de la concevoir soumise à des conditions, à des lois tout autres que celles qui régissent la vie organique sur la Terre.

Mais il ne faut pas oublier qu'une hypothèse domine toutes les recherches qui ont été faites sur les systèmes d'étoiles doubles ou multiples, comme aussi les spéculations auxquelles nous venons de faire allusion. Cette hypothèse c'est que, dans leurs mouvements réciproques autour du centre de gravité, les composantes d'un système sont assujetties aux lois du mouvement elliptique, aux lois de Képler, et, en un mot, sont régies, comme les corps du système solaire, par la force de gravitation. Les méthodes analytiques données par Savary, par Yvon Villarceau, par Encke reposent sur ce point de départ, et les éléments trouvés pour les orbites relatives ont été calculés suivant les principes de la mécanique céleste. Une telle induction est-elle légitime? C'est là une question philosophique d'une haute importance, et qui ne peut être tranchée à la légère, ni résolue par de vagues analogies [1].

1. Nous renvoyons le lecteur désireux de se faire une idée exacte des conditions rigoureuses du problème en question, aux mémoires publiés dans la *Connaissance des temps pour* 1852, par M. Y. Villarceau, et notamment à sa *quatrième note sur les étoiles doubles*, où l'éminent astronome étudie *le mouvement des étoiles doubles, considéré comme propre à fournir la preuve de l'universalité des lois*

Ce que l'on peut dire en faveur de la probabilité de l'universalité de la loi de gravitation, c'est que,

de la gravitation planétaire. Nous devons nous borner à transcrire ici les conclusions de l'auteur, qui, comme il le dit lui-même, n'a point eu l'intention d'élever l'ombre d'un doute sur l'universalité de ces lois, mais de montrer la différence, si importante au point de vue de la philosophie scientifique, entre une *probabilité*, si forte soit-elle, et une *preuve acquise*. Voici ces conclusions : « Bien qu'il résulte des recherches des astronomes, que le mouvement observé dans les systèmes binaires ne se soit jusqu'ici montré nulle part en opposition avec les lois de la pesanteur, nous n'avons cependant pas encore le droit de conclure que cette loi régit effectivement les mouvements des étoiles doubles, comme elle régit les mouvements planétaires. Les observations d'étoiles doubles ne peuvent pas fournir une preuve expérimentale de l'universalité des lois de la pesanteur, mais seulement de puissantes probabilités, qui semblent commencer à se produire. » Nous engageons nos lecteurs à méditer ces sages réserves d'un savant aussi versé dans la théorie que dans la pratique de la haute astronomie, et à les mettre en regard des assertions tranchantes, émises trop souvent sur des sujets pareils, avec une légèreté que l'ignorance et l'inexpérience de leurs auteurs n'excusent point; ceux qui aiment à formuler ainsi en phrases pompeuses et poétiques une foule d'hypothèses invérifiables, ne semblent avoir d'autre but que de se donner un faux air de profondeur. La vraie science n'a point de telles allures.

La *Connaissance des Temps pour* 1877 renferme aussi, de notre savant compatriote, M. Y. Villarceau, un mémoire où se trouve exposée, avec tous ses développements analytiques, sa *Méthode pour calculer les orbites des étoiles doubles*. Nous saisissons cette occasion pour nous associer à l'hommage que l'auteur rend à la mémoire de Mme Y. Villarceau, qui a vérifié elle-même l'exactitude analytique des formules de ce grand travail, et en a calculé plusieurs applications numériques. Nous croyons, comme lui, « qu'il est utile d'augmenter la liste encore peu nombreuse des femmes, qui, par leur collaboration active et dévouée, ont contribué aux progrès de la science, » et que les astronomes ajouteront le nom de Mme Yvon Villarceau aux noms de Mmes Lepaute, Caroline Herschel et miss Mitchell.

des orbites d'étoiles doubles qui ont été déterminées avec une approximation suffisante, on a déduit des éphémérides, à l'aide desquelles l'observation ultérieure a pu vérifier, dans une certaine mesure, l'exactitude des éléments. De même, quatre ou cinq observations ayant suffi pour le calcul, il a été possible de voir si les autres observations déjà connues venaient cadrer avec les résultats obtenus. Or, jusqu'à présent, ces deux genres de vérifications ont paru concordantes dans la limite des erreurs d'observation. De sorte qu'on peut admettre, sauf les réserves indispensables en des questions si difficiles, que les corps des mondes sidéraux sont gouvernés dans leurs mouvements par les mêmes forces qui agissent sur les corps dont se compose le monde solaire. On va voir, dans le paragraphe suivant, de nouvelles probabilités en faveur de la gravitation stellaire.

§ 6. — Satellites de Sirius et de Procyon. — Systèmes ternaires.

Les perturbations de la planète Uranus ont conduit les géomètres à la découverte de la planète troublante, Neptune ; celles de Mercure paraissent devoir rendre décisive une semblable conquête dans les régions plus voisines du Soleil. Ce sont là de grandioses conséquences de la théorie. Eh bien, le génie de Bessel a fait, dans les profondeurs de l'univers sidéral, ce que les Le Verrier et les Adams ont fait dans la région relativement limitée du monde planétaire. Des perturbations observées dans les positions et les mouvements de Sirius, ont conduit le grand astronome de Kœnigsberg à soupçonner la présence d'un corps troublant que le télescope n'avait pu révéler encore, et que, pour cette raison, il considérait comme un astre obscur, de nature planétaire. En 1851, Peters discuta, d'après les vues de Bessel, un grand nombre d'observations de Sirius, et ce savant en conclut que les variations périodiques reconnues s'expliqueraient, si l'on admet que l'étoile décrit, en 50 ans, une ellipse dont le demi-grand axe, vu de la Terre, sous-tendrait un angle supérieur à 2".4. C'était admettre l'existence d'un corps céleste voisin et satellite de Sirius; mais comme les lunettes n'avaient encore permis alors de voir aucune étoile à la distance supposée, on en concluait que c'était probablement un satellite obscur ou de nature planétaire. En réalité, c'est l'éclat éblouissant de l'étoile principale qui empêchait de voir l'étoile satellite. C'est ce que prouva bientôt l'événement.

Onze ans plus tard, en effet, un astronome américain, M. Clarck, se servant d'une nouvelle et puissante lunette de 47 centimètres d'ouverture, aperçut le compagnon de Sirius, dont l'angle de position et la distance s'accordaient avec l'orbite calculée par Peters. J. Chacornac à Paris, Lassell à Malte voyaient à leur tour, un ou deux mois après Clarck, l'astre deviné par Bessel; ce n'était donc point un corps obscur, ainsi que l'impossibilité de rien voir jusqu'alors l'avait fait soupçonner au célèbre astronome.

Une découverte semblable a été faite sur Procyon. L'étude du mouvement de cette belle étoile, d'après de nombreuses observations d'Europe et d'Amérique, a conduit le docteur Auwers à représenter ses variations de position par une orbite à peu près circulaire, que Procyon décrirait en près de 40 années (39ª.866) dans un plan perpendiculaire au rayon visuel, le rayon de l'orbite étant égal à 0″.98. Or, le compagnon jusqu'alors inconnu, dont l'action avait produit les perturbations observées, a été découvert par O. Struve, et observé en 1873 et 1874.

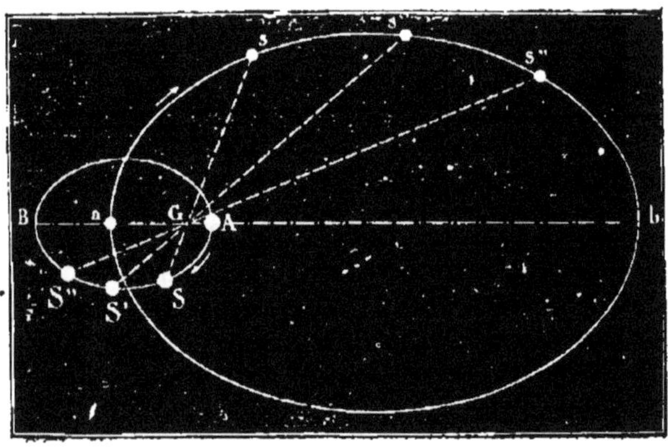

Fig. 41. — Orbites décrites par les composantes d'un système binaire autour du centre de gravité commun. (Rapports des masses = 3 1.

Cette vérification, par l'observation, de l'existence d'astres jusqu'alors inconnus, existence démontrée et prévue par la seule théorie, est de la plus haute importance. En effet, les recherches de Bessel, de Peters et d'Auwers étaient également basées sur l'hypothèse, que les lois de la gravitation sont les mêmes dans les systèmes sidéraux que dans le système solaire, et qu'ainsi les corps voisins exercent les uns sur les autres des attractions qui leur font décrire, en suivant les lois de Képler, des orbites elliptiques autour de leur centre de gravité commun.

Il y a donc à répéter ici ce que nous avons dit en parlant des orbites des autres étoiles doubles. Si les positions successives des satellites d'abord supposés, puis découverts, s'accordent avec celles que donne la théorie, l'hypothèse se trouve justifiée. Or, jusqu'à présent, un tel accord peut être regardé comme réel, dans les limites des erreurs que l'on commet nécessairement dans des mesures si déli-

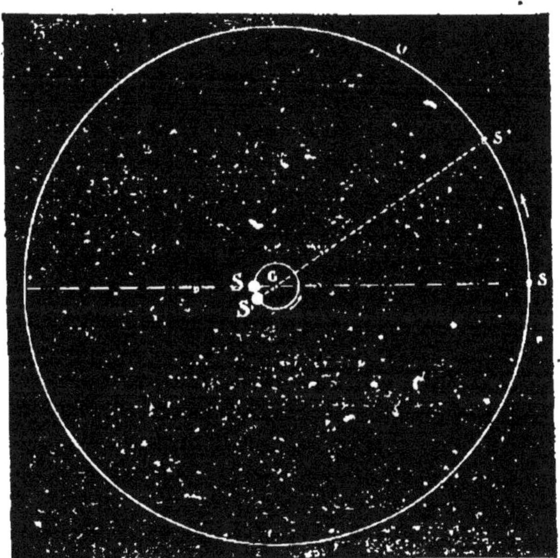

Fig. 42. — Orbites décrites par les composantes d'une étoile double, autour du centre de gravité du système. (Rapport des masses = 13 : 1 comme dans le cas de Procyon.)

cates et si difficiles. Sous ces réserves, il est donc permis de regarder comme réalisé l'espoir que W. Struve exprimait, il y a trente ans, dans son remarquable Mémoire sur les étoiles doubles : « Si les lois de la gravitation universelle, disait-il, sont la plus sublime découverte qu'ait faite l'esprit humain dans le cours de plusieurs milliers d'années, nous sommes bien près d'être à même de déterminer si ces lois n'appartiennent qu'au système solaire, ou si elles sont communes à l'univers entier. L'astronomie marche donc vers une nouvelle époque où l'on fera voir que la mécanique céleste ne se borne pas aux phénomènes du système solaire, mais peut s'appliquer aux mouvements des étoiles fixes. » (*Rapports sur les mesures micrométriques d'étoiles doubles*, etc.)

Si la gravitation régit les systèmes d'étoiles doubles et multiples, il en résulte une conséquence d'un grand intérêt. On doit pouvoir calculer la masse des étoiles dont la distance est connue, en la comparant à celle de notre propre Soleil. Parmi les systèmes dont les éléments sont calculés et dont les parallaxes sont déterminées, nous en trouvons quatre, Sirius, la 61e du Cygne, α du Centaure et *p* d'Ophiucus, dont il est possible d'évaluer approximativement la masse. On trouve ainsi que les deux étoiles de 61e Cygne ont ensemble un peu plus du tiers de la masse du Soleil (0.349), en admettant 0''. 374 pour la parallaxe et 452 ans pour la période de révolution. En supposant, comme la presque égalité de leur éclat l'autorise, qu'elles sont toutes deux de mêmes dimensions et de même masse, chacune d'elles est la sixième de la masse solaire. Les masses réunies des deux composantes d'α Centaure sont égales à 0.395, près des quatre dixièmes de la masse du Soleil. Ces deux systèmes sont donc, sous ce rapport, inférieurs au nôtre. Il n'en est pas ainsi de 70 *p* Ophiucus; en admettant la parallaxe trouvée par Krüger 0''.162, ce magnifique système aurait pour masse 3.4, près de trois fois et demie autant que le Soleil. Sirius serait un peu moindre et sa masse équivaudrait à 3.125, d'après les calculs de M. Wilson.

A la vérité, on ne connaît ainsi que la somme des

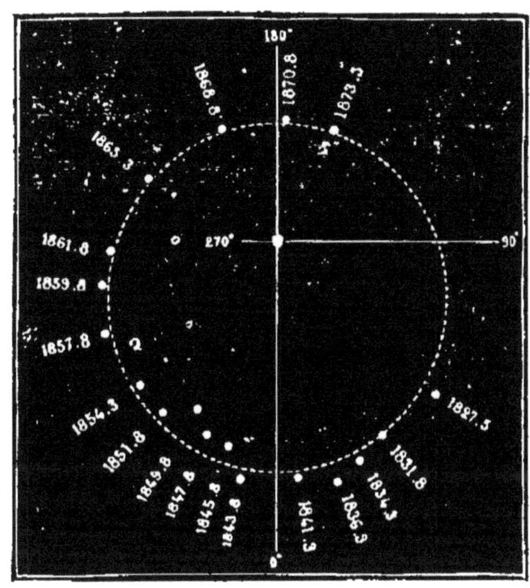

Fig. 43. — Orbite apparente de Écrevisse, d'après M. Struve.

masses des composantes. Pour avoir celles de chacun des soleils d'un système, il faudrait connaître les orbites vraies, c'est-à-dire décrites autour du centre de gravité. Or, on ne cherche généralement que l'orbite relative du satellite autour de la principale. Pour Procyon, ces orbites sont connues; on sait que l'étoile principale décrit en 40 ans un cercle de 0".98 de rayon et que le satellite est à une distance treize fois plus grande. De sorte que la masse de Procyon étant 80, celle du satellite est 7.

En revanche, la parallaxe étant inconnue, on ne connaît point la masse totale rapportée au Soleil.

M. O. Struve a donné d'intéressants détails sur le système ζ Écrevisse, dont on a vu plus haut la période de révolution. La figure 43 représente, d'après cet astronome, l'orbite apparente et relative décrite par le satellite autour de l'étoile principale.

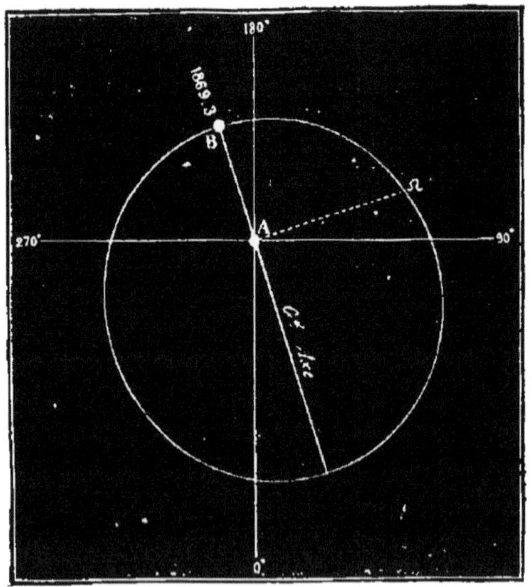

Fig. 44. — Orbite réelle de ζ Ecrevisse.

On voit, par les positions de celui-ci dans la suite des années, comparées à celles de l'orbite conclue, quels écarts restent entre la théorie et l'observation. La figure 44 donne l'orbite réelle déduite de l'orbite apparente. Mais ζ Écrevisse n'est pas seulement une étoile double : c'est en réalité un système ternaire, puisqu'une troisième étoile beaucoup plus éloignée que les deux premières, gravite également autour du centre de gravité commun. M. Struve a

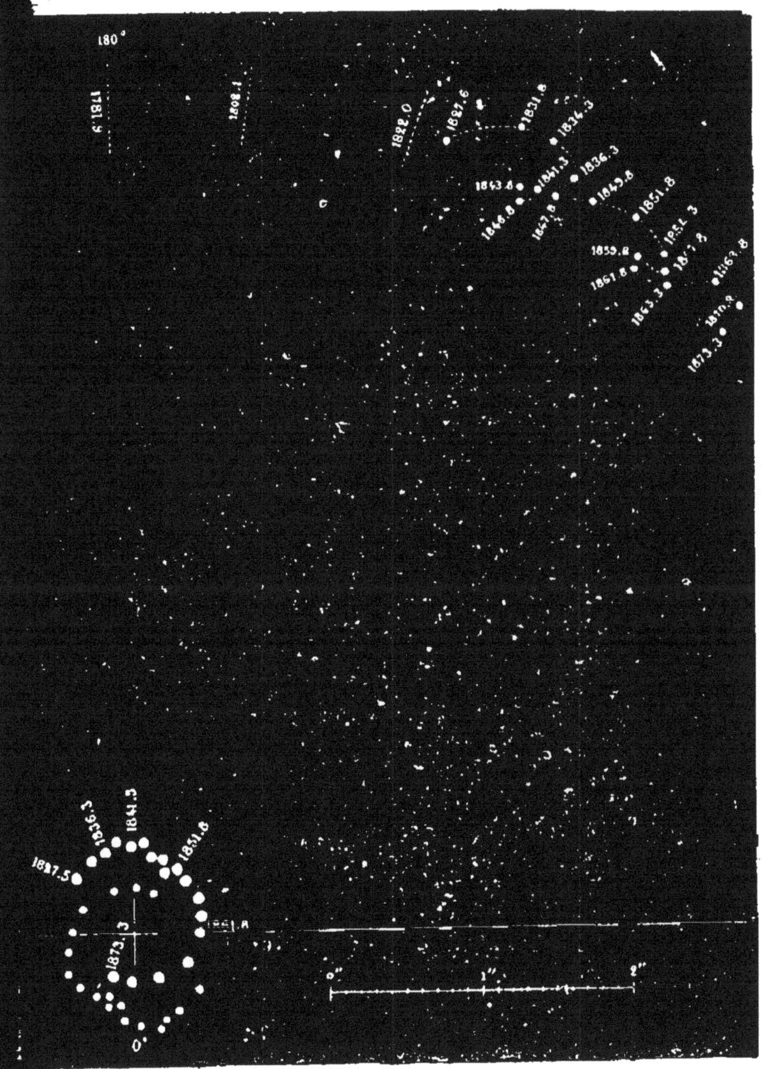

Fig. 45. — Système ternaire de ζ Écrevisse, d'après O. Struve.

tracé l'orbite de cette troisième composante (rapportée au centre optique des deux autres, qui diffère peu sans doute du centre de gravité) et il a trouvé, au lieu d'une courbe unique, une série régulière de sinuosités qui dénotent avec certitude l'existence de fortes perturbations. Quelle est la cause de ces perturbations ? L'astronome russe croit qu'il faut les attribuer à l'existence d'un corps, satellite encore inconnu du système. Arrivera-t-on à distinguer cet astre perturbateur, comme on l'a fait pour Sirius et Procyon ? Est-ce cette fois un corps planétaire, obscur, qu'on ne pourra voir évidemment à cette distance ? C'est ce qu'il est difficile de deviner. Sir J. Herschel avait raison de dire, ainsi qu'on l'a vu plus haut, que la spéculation a beau jeu pour imaginer, dans des systèmes solaires aussi complexes, les conditions d'équilibre des corps qui les composent.

§ 7. — Groupes d'étoiles visibles à l'œil nu. — Les Pléiades. — Les Hyades. — Prœsepe. — Persée.

Notre monde planétaire formé d'innombrables corps, planètes ou comètes, circulant à l'entour d'une étoile centrale unique, paraît être le type le plus simple des systèmes de soleils : probablement aussi c'est le plus répandu, du moins dans la région de l'univers qui est accessible à la vue simple.

Déjà cependant, comme on vient de le voir, les nombreux couples que le télescope a découverts parmi cette agglomération d'étoiles, révèlent l'existence de systèmes plus complexes, où deux, trois, quelquefois un plus grand nombre de soleils se trouvent réunis, liés en vertu d'une connexion très-probable, qui ne serait autre que la loi physique de gravitation.

L'existence des systèmes d'étoiles multiples suggèrerait donc naturellement celle d'associations stellaires plus nombreuses, où les étoiles se compteraient non plus par unités, mais par dizaines, par centaines, si d'ailleurs, de tels groupes n'étaient pas immédiatement sous nos yeux, accessibles à la vue simple, et dès lors connus bien avant l'invention des télescopes. Les perfectionnements des instruments d'optique ont prodigieusement multiplié nos connaissances sous ce rapport, comme nous le verrons, lorsque nous décrirons les nébuleuses. Alors en explorant les régions du ciel les plus reculées, nous aurons à passer en revue une multitude d'associations stellaires, dans lesquelles les soleils se trouvent si pressés, si nombreux, et forment des figures si régulières, qu'il est impossible de nier leur dépendance réciproque : évidemment il s'agit là de systèmes de milliers d'étoiles. Mais, bien avant la découverte de ces îles, de ces archipels de mondes semés avec une profusion si étonnante dans l'infini, la vue simple distinguait un certain nombre de groupes dont les étoiles composantes sont assez rapprochées, pour qu'on ne puisse élever de doute sérieux sur le lien qui les unit. Tel est, par exemple, le groupe des Pléiades. Tels sont encore les groupes connus sous les noms d'Hyades, de Prœsepe ou de la Crèche, de la Chevelure de Bérénice, de Persée. Tous ces groupes sont visibles à l'œil nu, et les bonnes vues distinguent avec facilité les principales étoiles des Hyades, des Pléiades et de la Chevelure de Bérénice. Argelander, dans son catalogue des étoiles visibles à l'œil nu sur l'horizon de Berlin, inscrit 15 *cumuli* ou amas d'étoiles, que distingue la vue simple ; Heis en compte 4 de plus ou 19; mais, à part ceux dont nous venons de parler, tous exigent de fortes lunettes pour être décomposés en étoiles. Nous les re-

Fig. 46. — Les Pléiades, d'après l'Atlas céleste de Harding.

trouverons et les décrirons dans le volume qui sera consacré aux nébuleuses. Bornons-nous ici à ceux dont on vient de lire les noms.

Voici d'abord (fig. 46) les Pléiades, situées dans la constellation du Taureau, que l'on distingue si aisément au nord-ouest d'Orion et d'Aldébaran. Sur les quatre-vingts étoiles environ dont l'atlas de Harding composait ce groupe, six sont visibles sans le secours des lunettes. Nous verrons que jadis on en comptait sept, ce qui semble prouver que l'une d'elles est variable et a diminué d'éclat, ou bien a disparu [1]. Les vues très-perçantes, comme celle de M. Heis, en voient jusqu'à dix, quand le ciel est très-pur.

La plus brillante du groupe, Alcyone, est de troisième grandeur ; Électre et Atlas sont de quatrième ; Mérope, Maïa et Taygète, de cinquième. Trois autres encore ont reçu des noms particuliers, bien qu'elles

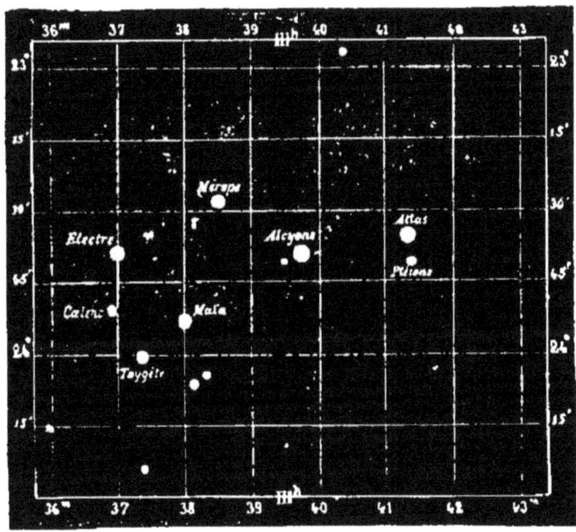

Fig. 47 — Carte des 13 principales étoiles des Pléiades.

soient au-dessous de la limite de visibilité simple : ce sont Pleione, Celeno et Asterope, de sixième et huitième grandeur. Toutes les autres enfin ne sont visibles qu'à l'aide de lunettes d'une certaine puissance ; mais avec une simple longue-vue, il est déjà possible d'en distinguer un grand nombre.

1. On en donne pour preuve ce vers d'Ovide :
« Quæ septem dici, sex tamen esse solent. »

La figure 48 est la reproduction à échelle réduite, d'une carte des Pléiades dressée par notre savant compatriote, M. C. Wolf. Résultat précieux d'une série d'observations faites en 1873, 1874 et 1875, cette carte renferme toutes les étoiles visibles à l'aide d'un télescope de 31 centimètres d'ouverture. Elle est accompagnée d'un catalogue où toutes les positions des étoiles sont données au 10ᵉ de minute d'arc, d'un second catalogue de 53 étoiles principales (celles de Bessel) déterminées en grandeur et en position, et ne comprend pas moins de 571 étoiles comprises entre la 3ᵉ et la 14ᵉ grandeur. Nous y reviendrons plus loin, lorsqu'il sera question des étoiles variables et de la spectroscopie stellaire. Pour le moment, nous ne devons pas passer sous silence les conclusions tirées par M. Wolf de la comparaison des positions des 53 étoiles de Bessel, avec celles qu'il a lui-même trouvées, et qui accusent un lien physique entre la plupart des étoiles du groupe [1].

1. Voici les propres termes dans lesquels M. Wolf formule ces conclusions : « Les étoiles des Pléiades paraissent former un groupe dont les membres sont physiquement liés les uns aux autres, et de plus il paraît exister dans ce groupe un déplacement relatif des étoiles qui entraîne la plupart d'entre elles en sens contraire du mouvement diurne en diminuant un peu leur distance polaire. Ce mouvement vers le nord-est est surtout marqué pour les étoiles situées dans la région nord-est de la carte, et où il atteint près de $0^s.2$ en ascension droite. Quelques étoiles seulement semblent animées d'un mouvement différent ; mais, en général, ou bien il est très-petit, ou bien il affecte des étoiles qui constituent des groupes dont les éléments très-voisins semblent tourner l'un autour de l'autre. La petitesse des déplacements d'une part, de l'autre le petit nombre des étoiles observées par Bessel avec une précision suffisante ne permettent encore de présenter

Fig. 48. — Carte des Pléiades d'après M. C. Wolf.

Dans nos campagnes, les Pléiades [1] sont connues sous le nom de la *Poussinière*, sans doute parce

Fig. 49. — Les Hyades, groupe de la constellation du Taureau, d'après Harding.

qu'Alcyone apparaît dans le groupe comme une poule entourée de ses poussins.

ces conclusions que comme des conjectures, quant au sens et à la grandeur des mouvements ; mais, dès aujourd'hui, il est certain que des déplacements relatifs se sont produits dans les Pléiades. »

1. Les poëtes anciens les nommaient aussi Hespérides ou Atlantides. Quant au nom de Pléiades, on s'accorde à lui donner pour étymologie le nom grec πλεῖν, qui signifie *naviguer*, parce que, selon Lalande, au printemps et vers l'époque où elles se levaient avec le Soleil, commençaient les grandes navigations dans la Méditerranée. D'autres disent que ces étoiles étaient redoutées des marins à cause des pluies et des orages qui semblaient s'élever avec elles et qu'ils attribuaient à leur influence.

Les *Hyades*, qui sont voisines des Pléiades, forment un groupe d'étoiles moins nombreuses et

Fig. 50. — Præsepe, groupe d'étoiles de la constellation de l'Écrevisse.

moins pressées que celles-ci. La lumière éclatante d'Aldébaran, qui est, on le sait, de première grandeur, les rend plus difficiles à distinguer à l'œil nu. Elles apparaissent dans la saison des pluies. De là leur nom d'Hyades, d'un mot grec qui signifie pleuvoir.

La liaison des étoiles qui composent ce groupe n'est pas aussi frappante que dans les Pléiades. Néanmoins, il paraît difficile d'admettre qu'elles soient tout à fait indépendantes. En examinant la position des Pléiades et des Hyades dans le voisinage de la Voie Lactée, en observant que ces deux agglomérations sont situées toutes deux dans le prolongement d'un rameau de la grande zone, on arrive à les considérer comme deux amas d'étoiles appartenant à l'immense strate stellaire qui nous entoure, et dans le sein de laquelle on verra que le Soleil est lui-même plongé.

Dans la Chevelure de Bérénice, la plupart des étoiles du groupe sont visibles à l'œil nu et se dis-

Fig. 51. — Groupe d'étoiles de la constellation de Persée.

tinguent parfaitement dans le ciel, un peu à l'est du Lion. Aucune étoile très-brillante, il est vrai, ne gêne ici la vue, en effaçant leur éclat par son voisinage.

Les deux groupes suivants, l'un situé dans le Cancer et connu sous le nom de *Prœsepe* ou de la *Crèche*, l'autre dans Persée, sont visibles à la vue simple ; mais il est impossible d'en distinguer les composantes sans le secours des lunettes. Toutefois un instrument d'uné médiocre puissance les décompose aisément, et ils prennent alors l'aspect qu'on leur voit dans les deux figures 50 et 51.

Les groupes que nous venons de décrire forment une transition entre les étoiles disséminées dans la voûte céleste et les amas plus condensés que leur

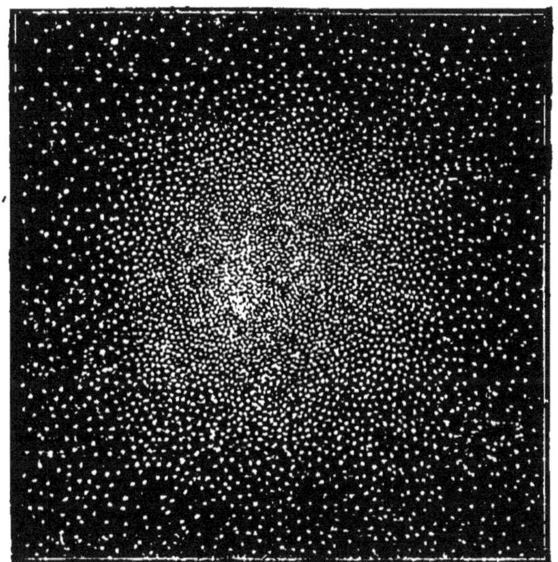

Fig. 52. — Amas stellaire d'Oméga du Centaure, d'après sir J. Hersche

aspect confus a fait désigner sous le nom général de nébuleuses. Il en est de ceux-ci qu'on aperçoit à la vue simple. Tel est le magnifique amas connu sous le nom de ω du Centaure, qui brillant à l'œil nu comme une étoile de 4me à 5me grandeur, se résout dans les instruments puissants, en une multitude prodigieuse d'étoiles. Ces étoiles (fig. 52), fortement condensées vers le centre, sont au plus, d'après J. Herschel, de la 12me à la 13me grandeur.

Sans doute, si nous pouvions nous déplacer dans l'espace et contempler d'un point suffisamment éloigné l'ensemble des étoiles éparses qui nous semblent former le ciel entier, nous les verrions se rassembler, se condenser en un ou plusieurs groupes distincts les uns analogues à ceux des Pléiades, les autres à l'amas stellaire du Centaure, tandis qu'en pénétrant au milieu d'un de ces groupes si serrés, nous verrions les étoiles dont il est formé s'écarter et se disséminer dans tous les sens, de manière à donner à l'ensemble l'aspect général que nous connaissons à la voûte céleste.

CHAPITRE VI

ÉTOILES VARIABLES

§ 1. — Étoiles nouvelles, changeantes, disparues.

Au point où nous en sommes arrivés de notre description, nous ne savons rien encore de la nature physique des étoiles, si ce n'est que ce sont des astres brillant d'une lumière qui leur est propre. Nous connaissons bien les distances de quelques-unes d'entre elles, les limites inférieures des distances des autres, nous avons appris qu'elles se meuvent dans les profondeurs de l'éther avec des vitesses égales ou même supérieures à celles des corps célestes de notre monde planétaire. Mais nous ignorons si ces soleils lointains sont, ou non, d'une constitution physique et chimique semblable à celle du Soleil, et si nous voulons arriver à quelques notions sur ce point intéressant, nous n'avons, pour les interroger, vu leurs prodigieuses distances et l'impuissance relative des télescopes, qu'un seul élément, mais un élément précieux : leur lumière.

Pendant longtemps, tout ce qu'on a pu tirer d'une

étude suivie des lumières stellaires, c'est, outre un classification approchée des étoiles selon leur écla lumineux, quelques données sur la couleur de leu lumière (nous reviendrons plus loin sur ce dernie point). Cependant les astronomes, habitués à considérer les groupes ou constellations et les diverse étoiles dont elles sont formées, ont aussi, depuis le temps les plus anciens, remarqué parmi quelque étoiles des variations d'éclat, signalé l'apparitior subite d'étoiles jusqu'alors inconnues, et les disparitions de quelques autres. Les modernes ont fai plus; ils ont reconnu que ces variations sont assujetties parfois à des périodes régulières; et ils en ont mesuré avec soin les durées.

Entrons dans quelques détails sur ces divers points.

On rapporte qu'on voyait jadis à l'œil nu, dans les Pléiades, une septième étoile [1] qui, ayant paru avant l'embrasement de Troie, puis s'étant effacée, a reparu de nouveau, pour devenir enfin invisible. Cassini cite plusieurs étoiles nouvelles : l'une, au rapport de Pline, fut observée par Hipparque 125 ans

1. « Il est certain, dit Cassini, que quoique Homère, Attalus et Geminus n'en comptent que six (voy. plus haut le vers d'Ovide), Simonides, M. Varron, Pline, Aratus, Hipparque et Ptolémée dans le texte grec, les mettent au nombre de sept, ce qui a été suivi de la plupart des astronomes, d'où l'on peut conjecturer que la septième a paru nouvelle à quelques-uns, à cause qu'elle ne se peut discerner que par les personnes qui ont la vue excellente. » Cette dernière réflexion de Cassini nous semble d'autant plus juste, qu'on sait aujourd'hui que plusieurs des Pléiades sont variables, et que des vues perçantes comme celle du docteur Heis distinguent à l'œil nu, dans le groupe, non pas seulement sept, mais dix étoiles.

avant l'ère vulgaire; mais il paraît certain qu'elle avait un mouvement propre sensible, et que dès lors ce fut sans doute une comète; une autre parut au temps de l'empereur Hadrien ; une troisième apparut dans l'Aigle, l'an 389 de notre ère, devint aussi brillante que Vénus et dura ainsi trois semaines. Au neuvième siècle, une étoile se montra subitement dans le Scorpion ; elle était si éclatante, qu'elle répandait, dit-on, autant de lumière que le quart du disque de la Lune. Enfin, en 945, en 1164, à peu près au même endroit du ciel entre Cassiopée et Céphée, on vit apparaître deux étoiles jusqu'alors inconnues [1]. Ces étoiles de 1572, de 1600 et de 1604, qui eurent pour historiens Tycho-Brahé et Képler, et dont nous parlerons plus loin en détail, nous amènent aux observations modernes d'étoiles variables et d'étoiles temporaires. Nous allons successivement décrire ces phénomènes singuliers, en commençant par les étoiles dont la variabilité affecte une périodicité plus ou moins régulière.

§ 2. — Étoiles variables périodiques.

Il y a, dans la constellation de la Baleine, une étoile marquée, sur les cartes, de la lettre grecque o (omicron) et que les astronomes connaissent aussi sous le nom latin de *Mira Ceti*, la Merveilleuse de la Baleine. Découverte en août 1596 par David Fabricius, cette étoile est depuis longtemps remar-

1. Les catalogues chinois signalent aussi plusieurs apparitions extraordinaires d'étoiles nouvelles. Les chroniques du moyen âge parlent d'une étoile d'un éclat éblouissant qui parut en 1012 dans le Bélier.

quée, à cause des variations périodiques de son éclat. A chaque intervalle de onze mois, elle passe par les phases suivantes :

Pendant quinze jours, elle atteint et conserve son maximum d'éclat, qui en fait une étoile de seconde grandeur. Sa lumière décroît ensuite pendant trois mois, jusqu'à devenir complétement invisible non-seulement à l'œil nu, mais même dans les instruments [1]. Elle reste dans cet état pendant cinq mois entiers, après lesquels elle reparaît, pour croître d'une manière continue pendant trois autres mois. Sa période est alors achevée, et elle atteint de nouveau son maximum d'éclat, pour passer une seconde fois par les mêmes phases.

Ces variations singulières, signalées pour la première fois par Ph. Holwarda en 1637, sont connues depuis le milieu du dix-septième siècle; les premières mesures exactes de la période ont été effectuées par Bouillaud, puis par J. Cassini [2]. On con-

1. Nous sommes surpris qu'on n'ait pas poussé les observations de ce singulier astre, pendant la période d'invisibilité, avec les instruments les plus puissants. On sait seulement qu'elle est, alors, au-dessous de la douzième grandeur.

2. Bouillaud, s'appuyant sur les observations faites de 1638 à 1666, trouvait une période moyenne de 333 jours. Cassini, partant du premier maximum observé le 13 août 1596 jusqu'à celui de 1678, et évaluant à 89 le nombre des périodes écoulées, obtenait 334 jours; le même nombre résultait de toutes les observations faites jusqu'à 1703. Ces évaluations sont notablement trop fortes, en tant que moyennes, car les durées des périodes successives peuvent fort bien différer de 3 ou 4 jours. Mais on peut, en partant des nombres de Cassini, arriver à un nombre qui se rapproche beaucoup de la moyenne admise aujourd'hui. Il suffit de compter 90 périodes dans les 29,725 jours qui séparent les maxima de 1596 et de 1678; et aussi 118 pé-

naît aujourd'hui la moyenne de cette période avec une grande précision, et on l'évalue à 331 jours 8 heures.

A la vérité, on a découvert aussi des irrégularités dans la période de Mira, mais ces irrégularités mêmes sont soumises à une périodicité qui rend le phénomène plus intéressant encore. Le plus grand éclat ne la range pas non plus toujours dans la même grandeur. Quelquefois elle ne dépasse guère la quatrième, tandis qu'à certaines époques, le 6 novembre 1799, par exemple, sa lumière a été presque aussi brillante que celle des étoiles de première grandeur : elle était, à cette époque, à peine inférieure à Aldébaran ; parfois enfin, elle est restée invisible pendant un temps supérieur à plusieurs de ses périodes. Ainsi Hévélius ne put la voir d'octobre 1672 jusqu'au 23 décembre 1676, c'est-à-dire pendant plus de quatre années. La durée de sa visibilité à l'œil nu est également très-variable. Parfois elle s'élève jusqu'à quatre mois ; parfois elle est de trois mois à peine. Enfin, pendant cet intervalle où, de la 6e grandeur elle passe à la 3e et dépasse même la seconde, pour décroître et revenir à la 6e, les phases d'augmentation et de diminution sont inégales. Elle croît plus rapidement de la 6e à la 4e grandeur que de celle-ci à la 3e, et met plus longtemps encore à atteindre la seconde. Tantôt sa période d'accroissement surpasse en durée celle de la diminution, tantôt elle lui est inférieure. Mais toutes

riodes au lieu de 117 entre 1596 et 1703. Alors on a 330 j. 27 et 331 j. 18 pour les moyennes dans ces deux hypothèses. Or, la moyenne admise est 331 j. 34.

ces variations si curieuses paraissent soumises elles-mêmes à une certaine périodicité [1].

Mira n'est pas le seul exemple de changement périodique d'éclat dans les lumières stellaires; et la durée des variations n'est pas toujours aussi longue. *Algol*, dans la Tête de Méduse, ou β de Persée (fig. 53), est au moins aussi intéressante que Mira de la Baleine, mais sa période est beaucoup plus courte, et elle n'est jamais invisible, même à l'œil nu. Étoile de seconde ou de troisième grandeur pendant deux jours et treize heures et demie, elle décroît soudain, et, en trois heures et demie, descend jusqu'à la quatrième grandeur. Alors son éclat reprend une marche ascendante, et, au bout d'un nouvel intervalle de trois heures et demie, revient à son maximum. Tous ces changements s'effectuent en moins de trois jours, ou plus exactement, en

1. On a cherché à exprimer ces variations par des formules où entrent des sinus. Argelander a représenté toutes les observations des maxima de Mira de la Baleine par une formule de ce genre, permettant de calculer les époques des maxima à partir de celui du 29 décembre 1865.

Si nous en faisons l'application aux années 1877 et 1878, nous trouverons les dates suivantes pour les maxima :

Maximum de 1877, le 24 octobre à $4^h\ 54^m\ 11^s$ du soir;
— de 1878, le 9 octobre à $0^h\ 46^m\ 5^s$ du soir;

ce qui donne, pour la durée de la période comprise entre les deux maxima, 349.8277 jours, plus de 15 jours au-dessus de la moyenne générale. L'*Annuaire du Bureau des longitudes* fixe la première date au 10 novembre 1877. Laquelle de ces deux dates est la vraie ? C'est une question que pourront seuls trancher les observateurs de ces phénomènes, pourvu qu'ils n'oublient pas que la formule d'Argelander est une formule empirique, dont cet astronome évaluait lui-même l'erreur probable à 7 jours (sur la durée de chaque période moyenne de 331 j. 34).

2 jours, 20 heures, 49 minutes. Une circonstance remarquable est la décroissance continue de la durée de la période : en 1784, cette durée surpassait de 4s.2 celle de 1842, et celle-ci, à son tour, était supérieure de 1s.8 à la période observée en 1868. Il est possible, probable même selon Argelander, que les variations d'Algol, outre leur courte période d'environ 69 heures, soient soumises à une autre longue période, dont la première ne serait qu'une phase.

Fig. 53. — Algol, étoile variable de la constellation de Persée.

Deux autres étoiles changeantes, β de la Lyre et χ du Cygne, présentent également des périodes de périodes. La première de ces deux étoiles passe tous les 13 jours environ par deux maxima et deux minima : elle atteint le même éclat (3e et 5e grandeur) à chaque maximum, mais le minimum principal est au-dessous du second d'environ une demi-grandeur. L'étoile χ du Cygne, outre la période de 406, en aurait deux autres, l'une formée de 100, l'autre de 8 1/2 périodes secondaires.

Au nombre de ces étoiles variables à courtes périodes, δ de Céphée se distingue par la régularité de ses changements d'éclat qui durent 5 jours, 8 heures,

47 minutes, 40 secondes, et qu'on observe depuis 1784. δ de la Balance est l'étoile dont la période de variabilité a la plus courte durée, étant seulement de 2 jours, 7 heures, 51 minutes. Deux autres étoiles variables, l'une dans la Licorne, l'autre dans le Taureau, ont des périodes de 3 jours, 10 heures, 48 minutes, et de 3 jours, 22 heures, 52 minutes. Enfin, η de l'Aigle, ainsi que deux étoiles du Sagittaire, effectuent leurs variations en des périodes d'environ 7 jours.

Parmi les étoiles variables à longues périodes, on remarque Bételgeuse, l'une des quatre étoiles du grand quadrilatère d'Orion, dont la période est de près de 200 jours. Il en est une dans le Cygne, dont les variations s'effectuent en 406 jours, et une autre dans l'Hydre, qui revient au même éclat tous les 495 jours. Trois des sept étoiles du Chariot (Grande-Ourse) varient dans des périodes encore peu connues, mais qui embrassent certainement plusieurs années.

Quelle que soit la durée des périodes totales, il y a, parmi les étoiles changeantes, comme deux sortes de variabilité : dans les unes, l'accroissement et la diminution se font d'une manière continue, et pour ainsi dire insensible ; d'autres se distinguent par des changements brusques et rapides. On peut voir, dans la figure 54, deux exemples de ces modes de variations. Une des courbes représente la plus grande partie de la période R Ophiucus, qui est de 304 jours ; elle appartient à la classe des étoiles qui varient lentement. L'autre courbe, celle de U Gémeaux, dénote au contraire une étoile appartenant, comme Algol, à la classe des étoiles dont l'éclat subit des variations rapides.

Le nombre des étoiles simplement variables s'accroît tous les jours, à mesure que les cartes célestes, devenues plus parfaites, permettent de vérifier les moindres changements de position ou d'éclat que

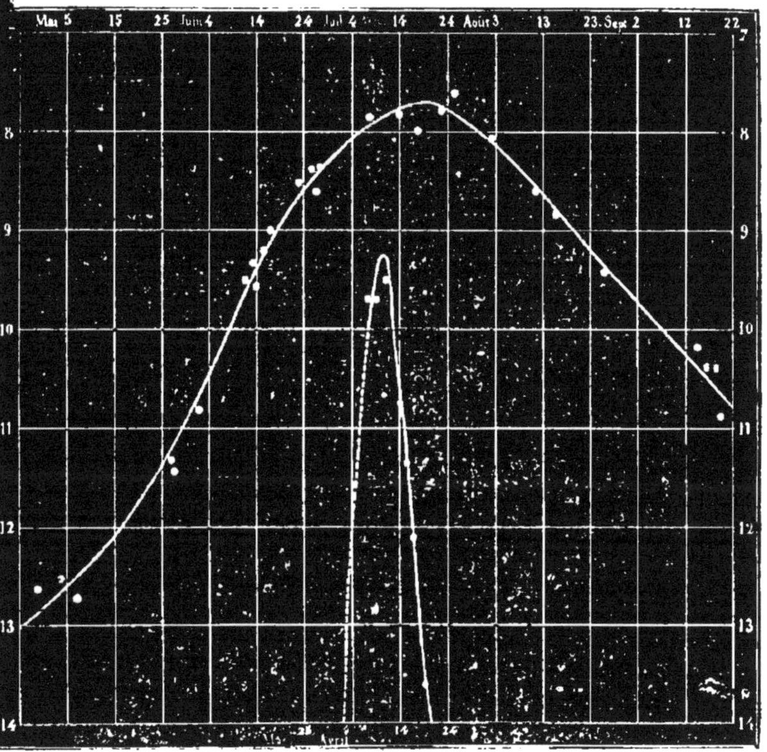

Fig. 54. — Courbes des variations d'éclat des étoiles périodiques R Ophiucus et U Gémeaux, d'après M. Pogson.

subissent les étoiles, depuis la 1re grandeur jusqu'à la 12e ou la 13e. Parmi celles dont la variabilité a été récemment constatée, il faut citer plusieurs étoiles du groupe des Pléiades. C'est aux recherches de M. Wolf, dont il a été question dans le paragraphe consacré aux groupes d'étoiles, qu'est due cette découverte. « Parmi les huit belles étoiles du groupe, dit-il, Mérope et Atlas sont certainement variables; Électre, Cœleno, Taygète et Pléione n'ont pas changé d'éclat; Maïa semble avoir augmenté depuis Piazzi et Bessel. » Six autres étoiles du groupe paraissent aussi avoir varié.

Sur un nombre total de 123 étoiles variables que l'on connaissait il y a peu d'années, 36 seulement n'ont pas de périodes connues, les 87 autres ont des périodes dont la durée est comprise entre 2 jours et 75 ans; 31 sont visibles à l'œil nu au moment de leur maximum. Mais ce dernier nombre doit être modifié, si l'on regarde, avec le Dr Heis, comme visibles à l'œil nu toutes les étoiles au-dessus de la 6-7e grandeur. En effet, le catalogue de cet astronome donne un total de 43 étoiles variables visibles sur l'horizon de Münster, et 22 d'entre elles restent (pour le même observateur) visibles à l'œil nu au moment de leur minimum.

Voici, du reste, un tableau d'un certain nombre d'étoiles variables périodiques, choisies parmi celles dont la période est le mieux connue. Outre la durée de celle-ci, nous donnons l'époque d'un des derniers maxima observés, et la grandeur de l'étoile, à son maximum et à son minimum [1].

1. On voit, par le tableau ci-contre, que la plupart des périodes sont calculées avec une approximation qui va jusqu'aux secondes. Mais il faut bien comprendre qu'il s'agit là de moyennes obtenues par l'observation d'un grand nombre de révolutions. Nous avons cité plus haut des cas où les variations de chaque durée périodique sont des fractions notables de la moyenne. Nous devons dire aussi qu'il y a une incertitude relative à la période la plus

ÉTOILES.	GRANDEUR max.	GRANDEUR min.	ÉPOQUES DU MAXIMUM.	DURÉE de la PÉRIODE
δ Balance.	4.9	6.0	30 juin 1868 (*min.*)	$2^j\ 7^h51^m19^s$
β Persée (Algol). .	2.3	4.0	1er juillet 1868 2^h43^m9	2 20 48 54
S Licorne.	4.9	5.6	14 mars 1856 9^h30^m	3 10 48 »
λ Taureau.	3.4	4.3	7 juillet 1868 0^h13^m	3 22 52 24
δ Céphée.	3.7	4.9	4 juillet 1868 0^h30^m	5 8 47 40
X Sagittaire. . . .	4.0	6.0	6 juillet 1868 18^h29^m	7 0 25 34
η Aigle.	3.5	4.7	3 juillet 1868 7^h11^m	7 4 14 4
W Sagittaire . . .	5.0	6.5	3 juillet 1868 21^h1^m	7 14 8 35
S Ecrevisse. . . .	8.0	10.5	22 juin 1854 12^h0^m	9 11 36 58
ζ Gémeaux	3.7	4.5	9 juillet 1868 12^h30	10 3 47 36
β Lyre.	3.5	4.5	9 janvier 1868 4^h (*min.*)	12 21 51 »
R Écu de Sobieski.	4.7	9.0	16 août 1868 (*min.*)	71 17 » »
α Cassiopée. . . .	2.2	2.8	16 janvier 1844	79 3 » »
R Vierge.	6.5	10.7	4 juin 1868	145 » » »
α Orion.	1.0	1.4	26 novembre 1852	196 » » »
R Lion	5.3	10.0	9 août 1868	312 13 26 »
o Baleine (Mira). .	2.0	< 12	29 décembre 1865 3^h7^m	331 8 4 16
S Serpent.	7.8	< 10	5 avril 1857	367 5 » »
χ^2 Cygne.	4.0	13.0	15 mars 1868	406 2 52 5
R Hydre	4.0	11.0	9 mars 1868	448 » » »

La plus longue des périodes que nous venons d'inscrire est d'environ 15 mois ; mais il en est de plus considérables, à la vérité moins exactement déterminées. Ainsi, on assigne 2 ou 3 ans à la période de l'étoile changeante β Petite-Ourse, 5 ou 6 ans à μ Céphée, plusieurs années aussi aux périodes de α et η Grande-Ourse, de κ Couronne australe, et l'é-

courte, celle de δ de la Balance. M. Schmidt, l'un des astronomes qui, comme MM. Argelander, Schœnfeld, Winnecke, Heis, se sont le plus occupés des étoiles variables, assigne à cette étoile une période triple, de 6 j. $23^h33^m10^s$. Ce nombre étant, à quelques secondes près, précisément 3 fois celui donné plus haut, il semble probable qu'il s'agit là d'une période de périodes, analogue au double maximum et au double minimum de β de la Lyre.

toile 24 Céphée n'aurait pas moins, selon M. Pogson, de 73 ans pour période. Nous allons voir, parmi les étoiles dont les variations semblent tout à fait irrégulières, qu'il en est une, η du Navire, qui serait également soumise à une longue périodicité, de 43 ans selon les uns, de 70 ans selon d'autres.

Nous terminerons ce paragraphe par une liste supplémentaire d'étoiles variables, en nous bornant à donner, pour chacune, la durée probable de la période.

Etoiles.	Périodes.	Etoiles.	Périodes.
β Pégase..........	31j.5	R Aigle..........	351j.5
ρ Persée..........	33 .0	R Serpent.... ...	356 .0
α Hydre..........	55 .0	R Petit-Chien .. .	367 .0
α Hercule.........	88 .5	R Gémeaux......	369 .7
U Gémeaux...	96 .98	S Vierge.........	373 .6
T Poissons........	143 .0	R Orion..........	378 .0
S Grande-Ourse....	222 .65	R Écrevisse.....	380 .0
S Ophiucus........	229 .37	R Verseau.......	388 .58
ε Cocher..........	250 .0	S Poissons.......	390 .0
T Grande-Ourse...	256 .0	R Andromède....	404 .0
S Hydre...........	256 .0	R Cygne.........	416 .72
T Capricorne......	274 .0	S Orion........ .	420 .0
T Gémeaux........	288 .62	R Cassiopée......	430 .0
S Gémeaux........	294 .07	R Lièvre.........	439 .0
S Hercule..........	301 .5	U Capricorne....	450 .0
R Grande-Ourse...	302 .3	R Sagittaire......	465 .0
R Ophiucus........	304 .6	β Petite-Ourse...	2 ou 3 ans
R Couronne boréale	323 .0	μ Céphée........	5 ou 6 ans
R Hydre...........	326 .0	α Couronne austr.	qq. ann.
R Taureau.........	330 .0	α Grande-Ourse..	Id.
S Petit-Chien......	330 .0	η Grande-Ourse .	Id.
T Serpent..........	340 .5	μ Navire........	46 ou 70 a.
R Poissons........	343 .0	24 Céphée......	73 ans.
R Pégase..........	350 .0		

§ 3. — Étoiles nouvelles et temporaires.

Des étoiles variables à périodicité constatée, passons maintenant aux étoiles nouvelles et temporaires, dont certaines ne diffèrent peut-être des premières que par la durée plus considérable, en tout cas inconnue, de leurs périodes. Nous en avons déjà cité plusieurs qui ont apparu subitement, à des époques reculées, en des points du ciel où l'observation à l'œil nu ne laissait voir auparavant aucune étoile, et qui ont ensuite disparu. Peut-être, si les astronomes avaient eu alors à leur disposition des instruments puissants, auraient-ils pu constater que cette disparition n'était pas absolue, qu'elle correspondait seulement à un abaissement d'éclat au-dessous de la 6e grandeur. Nous verrons en effet plus loin un exemple récent d'une étoile qui, considérée d'abord comme nouvelle, était antérieurement marquée sur les cartes célestes parmi les étoiles télescopiques, et qui, après un court intervalle où elle est devenue visible à l'œil nu, a repris le rang inférieur qu'elle occupait d'abord.

Passons en revue les apparitions les plus fameuses d'étoiles temporaires, dans les temps modernes.

« Un soir, raconte Tycho-Brahé, que je considérais, comme à l'ordinaire, la voûte céleste dont l'aspect m'est si familier, je vis avec un étonnement indicible, près du zénith, dans Cassiopée, une étoile radieuse d'une grandeur extraordinaire. Frappé de surprise, je ne savais si j'en devais croire mes yeux. Pour me convaincre qu'il n'y avait point d'illusion, et pour recueillir le témoignage d'autres personnes, je fis sortir les ouvriers occupés dans mon laboratoire, et je leur demandai, ainsi qu'à tous les passants, s'ils voyaient, comme moi, l'étoile qui venait d'apparaître tout à coup. J'appris plus tard, qu'en Allemagne, des voituriers et d'autres gens du peuple avaient prévenu les astronomes d'une grande apparition dans le ciel, ce qui a fourni l'occasion de renouveler les railleries accoutumées contre les hommes de science. » (*Cosmos*, tome III, p. 167.)

C'est dans le courant de novembre 1572 qu'eut lieu cette étrange apparition.

L'étoile nouvelle observée par Tycho n'avait aucune des apparences d'une comète : aucune auréole nébuleuse, aucune queue ne l'accompagnait; elle demeura d'ailleurs complétement immobile, au même point du ciel, pendant les dix-sept mois qu'elle fut visible. Elle était extraordinairement scintillante, et tout son éclat surpassait celui de Wéga, de Sirius et de Jupiter même à sa plus petite distance de la Terre. « On ne pouvait le comparer, dit Tycho, qu'à celui de Vénus en quadrature. » Aussi resta-t-elle visible le jour, en plein midi, quand le ciel était pur. Mais peu à peu sa lumière diminua d'intensité. En janvier 1573, elle était déjà moins brillante que Jupiter; dès le mois d'avril, elle passa de la première à la seconde grandeur, puis elle décrut rapidement et disparut enfin en mars 1574.

Non-seulement cette étoile extraordinaire fut variable d'éclat, mais sa couleur même subit des changements rapides : blanche d'abord pendant les deux premiers mois, période de son plus grand éclat, elle passa ensuite au jaune, puis au rouge. Tycho la compare alors à Mars, à Bételgeuse, et surtout à

Aldébaran. Enfin, dès le printemps de 1573, la couleur blanche reparut et persista jusqu'à la fin.

Plusieurs apparitions semblables avaient eu lieu à des époques plus reculées, dans divers points du ciel ; deux d'entre elles notamment, que nous avons

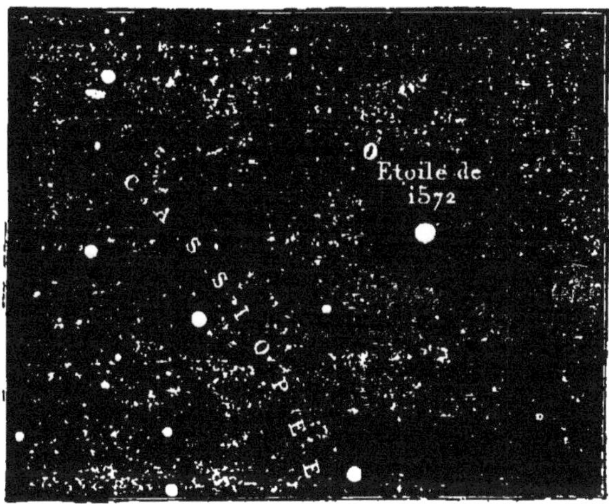

Fig. 55. — La Pèlerine, étoile nouvelle et temporaire, apparue en 1572 dans la constellation de Cassiopée.

citées déjà, les étoiles nouvelles de 945 et de 1264, s'étaient fait voir entre Céphée et Cassiopée, presque dans la même région que la *Pèlerine*, surnom donné à l'étoile de 1572; de sorte qu'on crut quelque temps à l'identité des trois astres. Si cette identité pouvait être prouvée, il en faudrait conclure que les étoiles temporaires ne sont autre chose que des étoiles variables périodiques, et toute la différence viendrait de l'inégalité de la durée des périodes et de l'intensité des variations.

Depuis l'observation de Tycho-Brahé, plusieurs étoiles temporaires ont été vues dans les constellations du Serpentaire et du Cygne [1]; mais la plus brillante de toutes, celle de 1604, le fut moins que l'étoile de 1572 : elle était surtout remarquable par une scintillation très-vive qui lui donnait, selon l'expression de Képler, « toutes les couleurs de l'arc-en-ciel, ou d'un diamant taillé à facettes multiples, exposé aux rayons du Soleil. » Elle surpassait les étoiles de 1re grandeur, même Jupiter et Saturne, mais elle fut moins brillante que Vénus. Découverte en octobre 1604 par Jean Brunowski, élève de Képler (d'autres disent dès le 27 septembre par Herlicius), elle fut observée par le grand astronome jusqu'au moment où, en mars 1608, elle finit par disparaître comme la première, sans laisser de traces. Selon Goldschmidt, cette étoile aurait été déjà vue quatre fois, en 393, 798, 1203, 1605, et serait ainsi une étoile variable ayant 405 ans en moyenne pour sa période, et devant faire sa prochaine réapparition en 2015.

Une étoile nouvelle apparut encore le 20 juin 1670, dans une partie de la constellation du Renard voisine de l'étoile du Cygne. D'abord de 3e grandeur, elle s'abaissa à la 5e, puis disparut, et se montra de nouveau, mais comme une étoile de 4e grandeur, neuf mois après sa première apparition. Redevenue invisible en 1672, elle se montra une troisième fois le 29 mars de la même année, mais réduite alors à

1. La plupart des étoiles nouvelles ou temporaires se sont montrées à l'intérieur ou dans le voisinage de la Voie Lactée. Tycho en concluait que ces astres s'étaient formés aux dépens de la matière de cette grande nébulosité, opinion inadmissible, depuis qu'on sait que la Voie Lactée est tout entière composée d'étoiles distinctes ou d'amas d'étoiles.

la 6e grandeur : depuis on ne l'a plus jamais revue.

Près de deux siècles s'écoulèrent sans qu'un phénomène pareil à ceux que nous venons de décrire fût remarqué ; en revanche, la variabilité d'un grand nombre d'étoiles et leurs périodes furent établies. En avril 1848, Hind constata l'apparition, dans Ophiucus, d'une étoile nouvelle de 5e grandeur, de

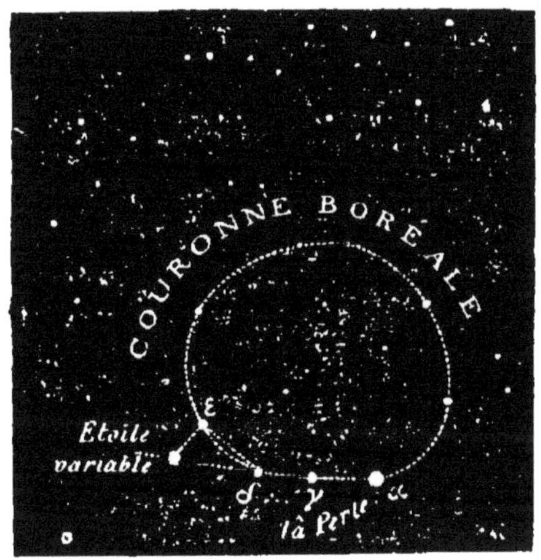

Fig. 56. — Position et grandeur de l'étoile variable T de la Couronne boréale, le 12 mai 1866.

couleur rouge-orange, et qui deux ans plus tard était non-seulement devenue invisible à l'œil nu, mais encore descendue à la 11e grandeur. Elle a conservé depuis, dit-on, son éclat final.

Il y a dix ans et demi, vers le milieu de mai 1866, divers observateurs, en Europe et en Amérique [1], furent frappés de l'apparition d'une nouvelle étoile

1. M. Barker à London Canada West, M. Birmingham en Islande, M. l'ingénieur Courbebaisse à Rochefort.

dans la constellation de la Couronne, en un point où ne se voyait auparavant, à l'œil nu, aucun point lumineux. Vers le 10 et 12 mai, l'éclat de cette étoile atteignait celui de la *Perle*, c'est-à-dire la 2e grandeur ; du 13 au 15, elle s'affaiblit jusqu'à la 3-4e grandeur; puis, après avoir passé par les grandeurs intermédiaires, elle devint invisible à l'œil nu vers le 20 du même mois. Au télescope, on la vit se réduire à la 10e grandeur, puis son éclat se ranimer de manière à atteindre, dans les premiers jours d'octobre, entre la 7e et la 8e grandeur. Nous donnons, d'après M. Baxendell, dans la figure 57, la courbe des grandeurs par lesquelles a

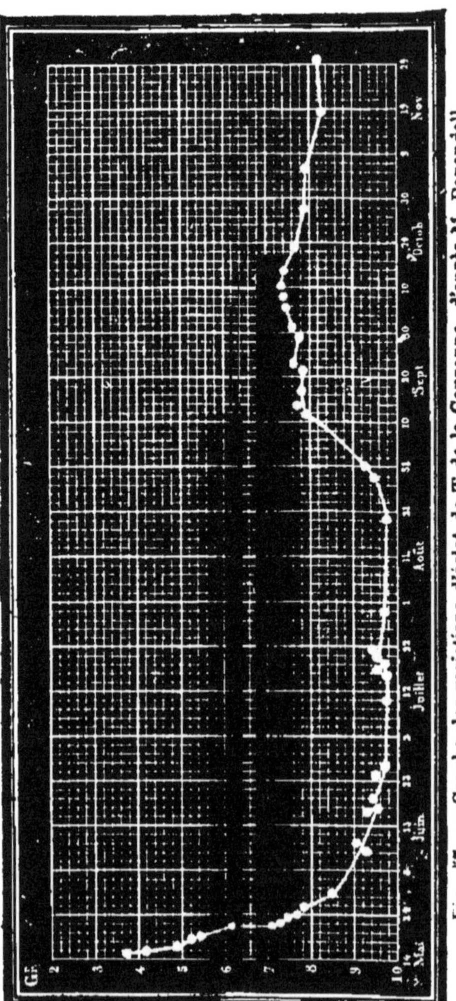

Fig. 57. — Courbe des variations d'éclat de T de la Couronne, d'après M. Baxendell.

passé l'étoile T de la Couronne, depuis le 14 mai jusqu'au 29 novembre. A cette dernière date, elle était un peu au-dessous de la 8e grandeur ; il eût été intéressant de savoir si elle s'est maintenue depuis au même éclat.

En recherchant dans les catalogues et sur les cartes, plusieurs astronomes reconnurent que l'étoile prétendue nouvelle occupait la position précise d'une étoile précédemment notée comme étant de 9e grandeur ; d'où l'on doit conclure qu'il s'agit en effet d'une étoile variable, et que nous avons été seulement témoins de l'une des phases de son maximum. Peut-être est-ce une variable irrégulière, comme sont sans doute aussi les étoiles nouvelles antérieurement signalées ; peut-être est-ce une variable périodique, dont la période a une durée considérable : on verra plus loin les raisons qui font pencher plutôt pour la première hypothèse.

Enfin, le 24 novembre 1876, une étoile nouvelle a fait son apparition dans le Cygne, et a été récemment l'objet de l'étude des astronomes. Nous aurons l'occasion d'en parler dans le chapitre suivant.

Terminons cette étude des étoiles nouvelles, variables périodiques ou variables irrégulières, par la description du plus étonnant de tous les phénomènes de ce genre : je veux parler des variations de l'étoile η du Navire (ou d'Argo), variations qui occupent les astronomes depuis plus d'un siècle, et qui sont telles, qu'on ne sait encore positivement s'il faut classer cette étoile singulière parmi les étoiles temporaires, ou parmi les étoiles périodiques.

Vers la fin du dix-septième siècle, η d'Argo n'était

qu'une étoile de quatrième grandeur ; mais moins d'un siècle après, en 1751, elle atteignait la seconde. Soixante ans plus tard, elle était redescendue à sa première intensité, pour croître de nouveau jusqu'à l'année 1826. Depuis cette époque, elle a passé par les phases les plus étonnantes, oscillant entre la première et la seconde grandeur, tantôt égale à α de la Croix, puis à α du Centaure, dépassant Canopus et approchant enfin de Sirius. La rapidité de ces changements, leurs périodes inégales, la longue durée de cet état de variabilité, l'impossibilité d'y trouver une loi plus ou moins régulière, ont contribué à faire de cette belle étoile un des plus curieux objets du ciel.

Fig. 58. — Étoile changeante η du Navire, à son maximum d'éclat.

Un astronome contemporain, M. F. Abbott, qui a suivi les variations d'η du Navire jusqu'à ces derniers temps, nous apprend qu'après avoir, en 1843, atteint l'éclat de Sirius, elle a diminué progressivement en passant par tous les ordres de grandeur, intermédiaires entre la première et la sixième : entre 1863 et 1867, elle n'a pas dépassé cette dernière grandeur, et, selon M. Tebbutt, elle était alors visible à l'œil nu. Nous avons dit plus haut qu'on soupçonnait une certaine périodicité dans les variations de cette période singulière. La figure 58 représente, d'après M. Loomis, la courbe probable de ces changements, dont la période serait de 70 années environ. La forme de la courbe, entre 1811 et 1870, est donnée directement par les observations, et les deux observations d'Halley en 1751 se trouveraient représentées par la même courbe antérieurement répétées. Les observations futures montreront ce qu'il y a de fondé dans cette hypothèse.

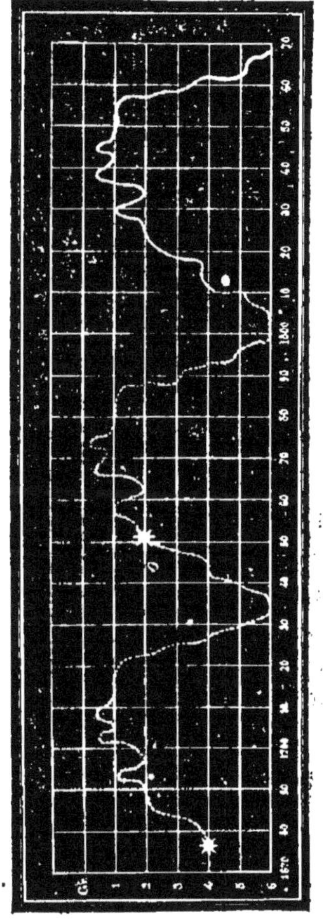

Fig. 59. — Courbe représentant les variations d'éclat de l'étoile η du Naire, dans une période de 70 ans, d'après M. Loomis.

Nous n'avons mentionné jusqu'ici, parmi les étoiles temporaires, que des étoiles nouvellement apparues, et qui, après s'être montrées un certain temps, sont ensuite devenues invisibles. Mais il faut citer aussi quelques exemples d'étoiles connues des astronomes, et qui, à partir d'une certaine époque, ont disparu du ciel, ou du moins ont diminué d'éclat au point de devenir invisibles. Cassini cite, parmi ces dernières, l'étoile de la Petite-Ourse, marquée ε dans le catalogue de Bayer, et qui avait disparu. Maraldi a constaté pareillement la disparition de plusieurs étoiles, inscrites jusque-là aux catalogues, dans les constellations du Lion, du Scorpion, de la Vierge. A la vérité, les catalogues dont il s'agit, venant d'être construits récemment, à l'époque où observaient ces astronomes, il est possible que les étoiles disparues aient été simplement des étoiles variables, dans leurs périodes de minimum d'éclat.

§ 4. — Hypothèses diverses sur les causes de variabilité des étoiles.

Pour expliquer les variations d'éclat de l'étoile périodique Omicron de la Baleine, Bouillaud supposait (1667) que « cette étoile est un globe, dont la plus grande partie de la surface est obscure, et l'autre partie est lumineuse : que ce globe a un mouvement propre autour de son axe, et présente à la Terre, tantôt sa partie claire, et tantôt sa partie obscure, ce qui cause la vicissitude de ses apparences [1]. » Cette hypothèse devait paraître alors

1. En rapportant cette explication, Cassini II fait observer que le P. Riccioli l'avait donnée avant Bouillaud. La manière dont le savant jésuite formulait son opinion est originale ; elle caractérise trop bien la tournure d'esprit de quelques savants de son époque (on en trouverait de pareils chez nos contemporains), pour que le lecteur ne nous sache pas gré de la reproduire : « Son sentiment est que les étoiles nouvelles ont été créées dans le ciel dès le commencement du monde, mais que, parmi elles, il s'en trouve quelques-unes qui ne sont pas lumineuses dans toute leur étendue; qu'il y a, par exemple, une moitié de leur globe lumineuse, et une moitié obscure, et que, lorsqu'il plaît à Dieu de paroître aux hommes quelque signe extraordinaire, il leur expose la partie éclairée qui étoit opposée à la terre, en la faisant tourner subitement par le

d'autant plus vraisemblable, qu'on avait découvert, une cinquantaine d'années auparavant, le mouvement de rotation du Soleil, et qu'il était naturel d'admettre par analogie un pareil mouvement dans les étoiles. Quant au fait de faces plus ou moins lumineuses, il pouvait se justifier de la même manière, en considérant les faces obscures comme produites par un envahissement de taches semblables aux taches noires du Soleil. Cependant Cassini, qui objectait à Bouillaud les inégalités d'éclat de Mira à ses diverses périodes, ne songeait pas à expliquer ces inégalités par les changements survenus dans le nombre et la position des taches : il supposait un mouvement particulier dans les pôles de révolution de l'étoile.

Aujourd'hui, l'hypothèse de la rotation est assez généralement admise, au moins pour les étoiles dont la période est régulière ; mais ce n'est pas la seule hypothèse possible, et d'ailleurs elle n'indique rien de certain sur la nature intime des phénomènes qui donnent lieu aux changements d'éclat. Les faces du globe stellaire peuvent être considérées comme inégalement lumineuses, ces inégalités restant constantes pendant de longs intervalles de temps : c'est ce que supposait Bouillaud. Ou bien, les accidents qui, à des époques inconnues, ont atteint partiellement la photosphère sont, comme les taches du Soleil, des accidents variables, et, dans ce cas, les

moyen de quelque intelligence, ou par quelque faculté attribuée à cette étoile ; après quoi, par une semblable révolution, elle se dérobe tout d'un coup aux yeux, ou elle diminue peu à peu, de même que la lune dans son décours. » N'est-ce pas là une explication digne de l'esprit d'un jésuite?

périodes doivent être affectées d'irrégularités, de changements plus ou moins lents. Quelques astronomes considèrent les étoiles variables, comme des soleils dont le refroidissement a successivement consolidé certaines parties de leur surface, en un mot comme des soleils *encroûtés*. On peut encore admettre que les variations d'éclat proviennent de la forme très-aplatie du globe stellaire. C'était l'hypothèse de Maupertuis : mais, dans ce cas, ce n'est plus la rotation qui cause directement les changements que nous constatons périodiquement dans leur lumière. Maupertuis admettait que certaines étoiles, tournant avec une grande rapidité sur leur axe, ont un aplatissement considérable, que des planètes circulant autour de ces astres dans des orbites très-excentriques pouvaient, en passant au périhélie, agir par leur masse sur l'étoile située au foyer, incliner plus ou moins son axe de rotation et faire ainsi qu'elles tournent vers nous des faces différentes. Tantôt ces étoiles se présenteraient à nous par un de leurs méridiens ou par leur tranchant ; en ce cas, elles seraient à leur minimum d'éclat ; tantôt elles se montreraient comme des sphères ayant même diamètre que leur équateur, et alors ce serait l'époque de leur maximum. Cette opinion, toute conjecturale, soulève à la vérité des objections de plus d'un genre.

On a encore imaginé d'autres causes de la variabilité périodique des étoiles : par exemple, l'occultation ou l'éclipse totale ou partielle, que des satellites obscurs, des planètes produisent en passant au-devant de l'étoile, sur la ligne qui joint son centre à la Terre. En ce cas, la période de disparition, et celle de diminution ou d'augmentation, qui précède ou qui suit la première, devraient être très-courtes, comparativement à la période pendant laquelle l'étoile conserve un éclat lumineux constant : c'est précisément le cas pour Algol, dont la phase de diminution a une faible durée relativement à la durée totale de sa période. Il est vrai, qu'alors, il faudrait supposer que le satellite occultant accomplit sa révolution totale dans le court intervalle de 2 jours 21 heures, ce qui peut sembler improbable. Au lieu de corps obscurs tels que les planètes, on a supposé des nébulosités dont l'interposition périodique pourrait produire les même effets : comme ces nébulosités peuvent former de longues traînées, analogues par exemple aux traînées météoriques de notre monde solaire, elles rendraient compte d'une manière plus satisfaisante des phénomènes observés que les satellites obscurs. Du reste, disons que cette dernière explication de la variabilité des étoiles a été suggérée par un fait d'observation : quelques-uns de ces astres ont paru, pendant la période du minimum d'éclat, entourés d'une sorte de brouillard.

En résumé, il est difficile de décider laquelle de ces hypothèses diverses est la plus vraisemblable : peut-être toutes sont-elles vraies à divers degrés; mais celle qui explique les périodes très-régulières par la rotation nous paraît la plus probable. Dans ce cas, le tableau que nous avons donné plus haut (p. 199) nous indiquerait la durée de cette rotation dans un certain nombre d'étoiles, les unes tournant sur leurs axes, comme Algol, avec une vitesse neuf fois plus grande que celle de notre Soleil, les autres, tels que l'étoile R de l'Hydre, ayant un mouvement de rotation dix-sept fois plus lent. C'était l'opinion de W. Struve. Parmi les étoiles variables, on remarque des couples binaires. Telle est γ de la Vierge, dont nous avons eu l'occasion de citer le mouvement de révolution. Les deux étoiles qui la composent ont changé d'éclat, et la plus brillante est devenue inférieure à l'autre au bout de quelques années. La variable α de Cassiopée est aussi une étoile double : Struve fait observer qu'il y en a beaucoup d'autres. « Ce qui est surtout d'une haute importance, ajoute alors cet éminent astronome, c'est qu'on peut conclure de ce changement de lumière des étoiles doubles, qu'elles se meuvent autour d'un axe de rotation, et que par conséquent nous avons trouvé une nouvelle analogie entre ce système de plusieurs soleils et notre système planétaire. » Dans l'hypothèse des satellites obscurs, on peut voir que si l'analogie est autre elle n'est pas moins intéressante.

Les mêmes explications peuvent-elles rendre compte des phénomènes présentés par les étoiles variables non périodiques, par les étoiles nouvelles ou temporaires, par les étoiles qui ont disparu de la voûte des cieux ? La régularité du mouvement de rotation ne permet point évidemment de s'arrêter à cette seule hypothèse : il y faut joindre des changements accidentels survenus dans l'astre lui-même. Nous en verrons plus loin des exemples ; mais l'interposition d'astres obscurs, de nébulosités opaques étrangères au système de l'étoile variable, pourrait encore jusqu'à un certain point rendre compte d'un affaiblissement temporaire.

Quant aux étoiles nouvelles qui, comme la Pèlerine de 1572, l'étoile de Képler, etc., ont fait une subite apparition en atteignant presque aussitôt un éclat prodigieux, si ce sont des étoiles variables dont la période d'éclat minimum ou d'extinction complète est très-longue, comment expliquer ces brusques changements d'intensité, ces apparitions presque subites d'astres, qui, du premier coup, atteignent leur plus grand éclat? On a cherché jadis à s'en rendre compte, en supposant un mouvement très-rapide de l'étoile, mouvement qui, en peu de temps, la rapproche ou l'éloigne considérablement de la Terre ; mais de toutes les hypothèses, c'est évidemment la plus invraisemblable. Arago examinant[1] cette question du mouvement, démontre aisément que, pour passer de la première à la seconde grandeur par un simple changement de distance, il faudrait six ans à une étoile qui se déplacerait avec la vitesse de la lumière, c'est-à-dire à raison de 300 000 kilomètres par seconde. Or, l'étoile de 1572 a subi en un mois une pareille variation. Il faudrait donc supposer une vitesse 72 fois plus grande, ou deux cent mille fois supérieure à la vitesse du plus rapide des mouvements d'étoiles connu, hypothèse évidemment absurde. Comme, d'ailleurs, les étoiles temporaires ont occupé une position invariable pendant la durée, quelquefois assez longue, de leur apparition, il faudrait joindre à l'invraisemblance de la vitesse inouïe dont il vient d'être question, l'hypothèse d'un mouvement rectiligne, dirigé précisément vers la Terre. Si un tel concours de circonstances n'a en soi rien de logiquement impos-

1. *Annuaire du Bureau des longitudes pour* 1842, p. 327.

sible, il faut avouer du moins qu'il est extrêmement improbable.

D'un autre côté, si l'on explique ces phénomènes par d'immenses incendies, des conflagrations subites survenues à la surface d'astres jusqu'alors obscurs, par des extinctions progressives amenant la décroissance d'éclat, puis la disparition de l'étoile, de telles catastrophes sont bien faites pour frapper notre imagination et détruire cette idée si ancienne de l'immuabilité des cieux. Peut-être les forces électriques et magnétiques jouent-elles un rôle dans la production de ces gigantesques coups de théâtre. Humboldt semblait pencher vers cette idée. Il proteste, dans son *Cosmos*, contre l'hypothèse d'une destruction, d'une combustion réelle des étoiles devenues invisibles. « Ce que nous ne voyons plus, dit-il, n'a pas nécessairement disparu.... L'éternel jeu des créations et des destructions apparentes ne conclut point à un anéantissement de la matière ; c'est une pure transition vers de nouvelles formes, déterminée par l'action de forces nouvelles. Des astres devenus obscurs peuvent redevenir subitement lumineux par le jeu renouvelé des mêmes actions qui y avaient primitivement développé la lumière. »

Il est peut-être plus difficile encore d'imaginer que les variations des étoiles temporaires soient dues à des mouvements de rotation. Il faudrait en effet supposer des faces d'un éclat prodigieusement inégal, et, même dans ce cas, on ne comprendrait guère une apparition subite et atteignant d'un seul coup l'intensité maximum. Les changements de couleur seraient pareillement inexplicables.

En résumé, la variabilité des étoiles paraît se ramener à deux phénomènes en apparence distincts. L'un est caractérisé par une périodicité régulière, d'une régularité pour ainsi dire mathématique, dont la cause, tout le fait présumer, est mécanique, c'est-à-dire réside dans un mouvement constant, uniforme, qui ne peut être que la rotation de l'étoile, ou encore l'occultation, déterminée par la circulation d'une masse satellite opaque. L'autre phénomène consiste dans une variabilité irrégulière, intermittente, dont les phases présentent bien aussi, en certains cas, des retours périodiques, mais affectés le plus souvent d'oscillations considérables. Il n'est donc pas permis de lui attribuer une cause aussi régulière que la rotation uniforme de l'étoile. Cette cause est probablement plutôt physique que mécanique; elle consiste peut-être en modifications dans l'état physico-chimique de la photosphère de l'étoile. Nous savons que notre Soleil est affecté de semblables variations à plus ou moins longues périodes : sa photosphère et sa chromosphère passent par des alternatives d'activité et de repos qui se manifestent à nos yeux par l'abondance ou par l'absence de taches, de facules, d'éruptions hydrogénées. De tels changements ont lieu sans doute, au sein des étoiles à variabilité brusque, irrégulière, sur une échelle assez grande pour que leurs radiations lumineuses soient tantôt exaltées, tantôt déprimées [1].

1. M. Faye a publié, en 1866, au sujet des étoiles nouvelles et des étoiles variables, d'intéressantes considérations sur les causes de ces deux ordres de phénomènes, qu'il n'y a pas lieu, suivant lui, de distinguer l'un de l'autre. Le sa-

Enfin, si l'on conçoit que les deux phénomènes se combinent dans un certain nombre d'étoiles, on s'expliquera les apparences complexes de leur va-

vant astronome, après avoir passé en revue leurs analogies et leurs différences, croit qu'on peut passer des étoiles nouvelles aux étoiles variables par des gradations insensibles. Il examine si les unes et les autres « ne seraient pas autre chose que les états successifs d'un même phénomène dont le ciel nous offrirait à la fois toutes les phases : les étoiles à éclat constant, les étoiles à faibles variations périodiques; les étoiles à périodes irrégulières; celles qui s'éteignent presque dans leurs minima; celles qui cessent de varier pendant un temps plus ou moins long, mais qui reprennent de l'éclat et subissent alors des variations considérables pour s'affaiblir de nouveau pendant un long laps de temps; enfin les étoiles presque éteintes qui se rallument convulsivement, présentent des intermittences plus ou moins prolongées, reviennent bientôt à leur faiblesse première ou disparaissent tout à fait. » Considérant le Soleil comme une étoile périodique, M. Faye cherche à rendre compte des intermittences de sa radiation, par le jeu des forces intérieures qui donnent lieu aux courants ascendants et descendants au sein de la masse incandescente. Quand cet échange régulier de la masse gazeuse interne et de sa photosphère brillante se fait librement, la radiation reste à peu près constante; si, par les progrès du refroidissement, cet échange a lieu par intermittences, la radiation subit des diminutions et des recrudescences périodiques. De telles oscillations régulières se manifestent, dans le Soleil, par les périodes de onze, de cinquante-cinq et de cent soixante-cinq années. Ce sont de telles intermittences, plus ou moins prononcées et plus ou moins durables, qui caractérisent le phénomène des étoiles variables périodiques; à mesure que de telles perturbations deviennent plus irrégulières, plus saccadées, séparées de plus en plus par de très-longs intervalles de temps, ils sont les précurseurs de l'extinction définitive de l'étoile. Ce sont ces phénomènes que présentent, d'après M. Faye, les étoiles nouvelles et temporaires. Notre savant compatriote rejette donc les deux hypothèses de la rotation et de l'occultation des étoiles par des satellites obscurs, pour ne conserver que celle qui rend compte de la variabilité par des changements physiques dans les photos-

riabilité, qui participe à la fois de celle des étoiles changeantes à période constante et de celle des étoiles temporaires ou à période discontinue.

Même en admettant cette double hypothèse, il restera toujours à savoir en quoi consistent les différences d'aspect des faces que l'étoile nous présente en tournant autour de son axe. On peut supposer, comme on l'a déjà dit, que les unes sont entièrement lumineuses, tandis que les autres sont recouvertes en proportion plus ou moins grande, de taches obscures. Mais alors, ces taches ne sont pas temporaires ni mobiles, comme celles du Soleil, sans quoi la périodicité n'aurait pas la régularité constatée par de longues observations.

La vérité est que ce sont des faits, des faits authentiques; et que l'imagination se serait longtemps perdue à en chercher les causes, si l'application de la méthode d'analyse spectrale à l'étude des lumières stellaires n'était venue apporter son contingent de faits d'observation à la solution du problème, et jeter un jour tout nouveau sur l'étude si difficile de la constitution physique et chimique des étoiles. Ce sont ces observations que nous allons décrire dans le chapitre suivant.

phères stellaires. Cet exclusivisme ne nous semble pas fondé, et nous croyons qu'il est difficile d'admettre, dans les photosphères des étoiles à période très-courte et très-régulière, des changements aussi rapides et aussi considérables que ceux constatés dans la lumière de ces étoiles, par des observations qui embrassent déjà de longues années et de nombreuses périodes.

CHAPITRE VII

LES LUMIÈRES STELLAIRES

§ 1. — Couleurs des étoiles.

A l'œil nu, et au premier aspect, la plupart des étoiles sont blanches. Quand la scintillation est un peu prononcée, on les voit bien passer rapidement par une multitude de couleurs variées; mais c'est là, on le sait, un phénomène dont la cause est purement atmosphérique. Il en est de même de la coloration rougeâtre que prennent les étoiles, quand elles sont voisines de l'horizon; l'interposition de couches vaporeuses plus ou moins épaisses explique cette coloration accidentelle, étrangère aux astres eux-mêmes.

Mais une étude plus attentive, faite dans des conditions où ces perturbations passagères peuvent être évitées, montre bientôt que si, parmi les étoiles visibles à l'œil nu, il en est beaucoup qui ont une lumière blanche, comme Wéga, par exemple, d'autres ont une coloration rouge prononcée, comme Arcturus, Aldébaran.

Les astronomes grecs, selon Arago, ne connaissaient que des étoiles rouges et des étoiles blanches : les étoiles de couleur bleue, verte, jaune n'ont été remarquées que dans les temps modernes. Aujourd'hui que cette branche de l'observation est cultivée avec soin, on a reconnu dans la lumière des soleils toutes les nuances de l'arc-en-ciel [1]. Parmi les étoiles blanches, outre Wéga, que nous venons de nommer, citons Sirius, Régulus, Deneb, l'Épi, Algol, β de la Lyre, ε du Cocher.

Les étoiles rouges les plus remarquables sont Arcturus, Aldébaran, Antarès, α d'Orion, Pollux. Ptolémée, dans l'*Almageste*, nomme déjà toutes ces étoiles υποχιρροι, rouges-jaunâtres. Joignons-y α et γ de la Croix, et les étoiles variables η du Navire, Mira. Dans ses *Observations du Cap*, J. Herschel donne un catalogue de 76 étoiles isolées, de la 6e à la 10e grandeur, dont la couleur rouge est très-prononcée,

1. C'est une détermination délicate, que l'emploi des lunettes rend plus sûre, en dépouillant le point lumineux observé des faux rayons qui l'entourent, mais qui est sujette à des erreurs provenant des circonstances dans lesquelles se fait l'observation. Les divers observateurs ne sont donc pas toujours d'accord sur la nuance d'une même étoile (il en est de même pour les satellites de Jupiter), ce qui tient à la fois à des influences d'appréciation individuelle, peut-être aussi à l'état de l'atmosphère, et dans certains cas à la nature des instruments : le métal des miroirs des télescopes réfléchit d'ordinaire une lumière rougeâtre qui altère la coloration propre des astres observés. D'après Struve, la couleur des étoiles est ordinairement prononcée jusqu'à la neuvième grandeur. Cependant, nous trouvons dans les catalogues de sir J. Herschel, un certain nombre d'étoiles encore plus petites, dont la couleur est donnée; et l'amiral Smith affirme qu'il a été frappé de la belle teinte bleue (*the beautiful blue teint*) de quelques-unes des plus petites étoiles visibles dans son télescope.

puisqu'il la caractérise par ces termes : rouge de rubis, rouge de sang, écarlate, rouge-pourpre, etc. D'après M. Hind, la couleur d'un grand nombre d'étoiles variables est rouge ; mais ce n'est pas là toutefois un caractère essentiel, et si Mira et η du Navire sont de couleur rougeâtre, la lumière d'Algol est blanche. Procyon, la Chèvre, la Polaire, Ataïr sont jaunes. La lumière de Castor est d'un vert pâle, et celle de l'étoile η de la Lyre offre une couleur bleue prononcée. Toutefois, il faut dire que la couleur blanche légèrement azurée, ainsi que l'a fait remarquer le P. Secchi, est celle de la très-grande majorité des étoiles.

C'est dans les couples et dans les groupes de soleils que la coloration de la lumière se présente avec tout son éclat et toute sa richesse. La plus grande variété distingue les couleurs des composantes de ces systèmes, déjà si remarquables à tant d'autres points de vue. Laissons parler à ce sujet le laborieux astronome de Dorpat et de Poulkowa, M. W. Struve.

« L'attentive observation des étoiles doubles brillantes nous apprend, dit-il, qu'outre celles qui sont blanches, on en rencontre de toutes les couleurs du prisme ; mais que, lorsque l'étoile principale n'est pas blanche, elle s'approche du côté rouge du spectre, tandis que le satellite offre la teinte bleuâtre du côté opposé. Cependant, cette loi n'est pas sans exception ; au contraire, le cas le plus général est que les deux étoiles ont la même couleur. Je trouve, en effet, parmi 596 étoiles doubles brillantes :

375 couples dont les composantes ont la même couleur et la même intensité ;

101 couples où la même couleur est à une intensité différente;

« Parmi les étoiles de même couleur, les plus nombreuses sont les blanches, et, des 476 étoiles de cette espèce, j'ai trouvé :

120 couples de couleurs totalement différentes;
295 couples où les deux composantes sont blanches;
118 couples où elles sont jaunes ou rougeâtres;
63 couples où elles sont bleuâtres. » (*Mesures micrométriques obtenues à l'Observatoire de Dorpat*, p. 33 et 34.)

Nous avons nous-même relevé, dans les sept premiers catalogues d'étoiles doubles de sir J. Herschel, tous les couples dont cet astronome a mentionné les couleurs, en considérant comme blanche celle des deux composantes dont la teinte est accidentellement omise; les étoiles doubles, dont les deux composantes sont blanches, ne se trouvent pas dès lors dans notre énumération. Le nombre des couples dont les couleurs sont données est de 290, et les couleurs, soit de l'étoile principale, soit de l'étoile satellite, sont résumées dans le tableau suivant [1] :

1. Ce tableau est à double entrée, comme la table de Pythagore, ce qui permet d'en trouver aisément la signification. Ainsi le nombre 80, qui est à la rencontre de la troisième ligne horizontale et de la quatrième ligne verticale, indique que le nombre des couples, où la principale est jaune et le satellite bleu, est de 80. Nous avons réduit les teintes à cinq. Ainsi la couleur bleue comprend à la fois les étoiles *bleues*, *bleu-verdâtre*, *vert-bleuâtre* ; l'orangé renferme les *orangé-rouge* et *orangé-jaune*. Cette simplification nous a semblé d'autant plus naturelle, que c'est sur ces distinctions de nuances que diffèrent généralement les divers observateurs.

COULEURS DES ÉTOILES PRINCIPALES.	COULEURS DES SATELLITES.					
	Rouge.	Orangé.	Jaune.	Bleu.	Blanc.	
Rouge.	24	0	0	27	50	 101
Orangé.	1	0	2	20	6	 29
Jaune.	2	0	17	80	9	 108
Bleu.	0	0	0	0	1	 1
Blanc.	30	0	3	17	1	 51
TOTAL. . . .	57	0	22	144	67	 290

Ce relevé est fait sur un nombre total de 5500 étoiles doubles environ; mais, comme l'observateur n'a mentionné que les étoiles colorées, il ne faut pas s'étonner de l'apparente contradiction avec les résultats de Struve, en ce qui regarde la proportion des couples où les composantes sont de même couleur, et particulièrement toutes deux blanches. Sur 42 couples où les composantes ont même couleur, ce sont les rouges qui l'emportent, puis viennent les jaunes. Il n'y en a pas, où les deux étoiles soient orangées, ni où elles soient bleues. Les plus nombreux couples, 80, sont ceux où le jaune de la principale est associé au bleu du satellite; Herschel signale plusieurs cas, où le bleu est manifestement un effet de contraste. Les couples *rouge-blanc*, *blanc-rouge*, *rouge-bleu*, *orangé-bleu*, *blanc-bleu*, sont ensuite ceux qui prédominent.

En résumé, les couleurs des principales sont surtout le jaune; le rouge, le blanc viennent ensuite. Les couleurs des satellites sont, en premier lieu, le bleu, puis le blanc et le rouge. Un seul couple a sa principale bleue; il n'y en a aucun où le satellite ait la teinte orangée proprement dite; mais cette couleur est si voisine, soit du rouge, soit du jaune, que cette absence a peu de signification [1].

On crut d'abord que la couleur bleue était un simple effet de contraste; qu'elle était due à la faiblesse de la lumière de l'étoile la plus petite comparée à la lumière jaune, plus éclatante, de l'étoile principale. Mais si cette illusion d'optique peut se présenter quelquefois, l'observation démontre qu'elle n'est qu'accidentelle et qu'il existe des étoiles bleues. En effet, Struve a rencontré un satellite bleu tout aussi souvent avec une principale blanche, qu'avec une

1. Voici la liste de quelques-unes des étoiles doubles les plus connues, avec indication de leurs couleurs, d'après Dembowski, sir Herschel et Struve :

NOMS DES COUPLES.	PRINCIPALES.		SATELLITES.	
	Grand^r.	Couleur.	Grand^r.	Couleur.
μ Cassiopée.	3.3	jaune clair. . .	7.2	pourpre.
α Poissons .	4.2	bleu-verd. clair.	5.6	olive-cendré.
β Orion . . .	1.0	blanche	7.6	bleu de ciel.
α Gémeaux .	3.0	jaune-verdâtre .	4.1	jaune-vert foncé.
ε Hydre. . .	3.7	jaune clair. . .	7.3	olive-cendré.
γ Lion. . . .	2.2	jaune d'or . . .	3.7	jaune d'or foncé.
70 Ophiucus.	4.2	jaune clair. . .	6.0	pourpre clair.
δ Cygne. . .	3.0	blanche	7.4	bleu clair.
61e Cygne. .	5.1	jaune d'or . . .	6.0	jaune d'or foncé.
β Céphée . .	4.0	bleue	6.0	bleue.
α Centaure .	1.0	jaune	2.0	jaune.
26 Baleine. .	6.7	jaune-blanc . .	10.5	pourpre.
ζ Hercule . .	3.0	jaune	6.5	rougeâtre.
π Gémeaux .	5.0	jaune	10.0	bleue.
[illegible] Couronne .	5.0	jaune	6.0	jaune.

principale d'un jaune foncé. D'ailleurs, on cite des couples dont les deux composantes sont bleues. Telles sont les étoiles doubles, δ du Serpent et la 59e d'Andromède. Enfin, il y a, suivant Dunlop, dans le ciel austral, un groupe composé d'une multitude d'étoiles qui sont toutes bleues.

Toutes les nuances possibles, je l'ai déjà dit, se rencontrent dans les étoiles doubles colorées. Le blanc s'y trouve associé avec le rouge clair ou sombre, pourpre, rubis, vermeil. Là, c'est une étoile verte avec une étoile rouge de sang foncé, un soleil principal orangé accompagné d'un soleil pourpre, bleu-indigo. L'étoile triple γ d'Andromède est formée d'un soleil rouge orangé, accompagné de deux autres soleils dont la lumière est couleur vert d'émeraude, selon certains observateurs, dont l'un est jaune pâle et l'autre bleu, selon d'autres. Nous avons aussi noté, dans les catalogues d'Herschel, plusieurs étoiles triples colorées. Dans l'une de ces associations stellaires, la principale est rouge et les deux composantes sont bleues; dans une autre, la première est blanche avec deux satellites rouges, ou blanche avec deux satellites, l'un rouge, l'autre blanc.

Deux étoiles que nous avons citées déjà pour leurs distances et pour la durée de leurs révolutions, la 61e du Cygne et α du Centaure, ont chacune pour composantes deux soleils jaune orangé.

La figure 60 placée au frontispice de cet ouvrage donnera une idée de ces associations de couleurs. J'y ai joint, d'après John Herschel, un groupe extrêmement remarquable, situé dans la Croix du Sud, près de l'étoile κ. Il se compose de cent dix étoiles, dont sept seulement dépassent la dixième grandeur.

Parmi les principales, deux sont rouges et rouge vermeil, une est d'un bleu verdâtre, deux sont vertes et trois autres sont d'un vert pâle. C'est un objet très-brillant et d'une grande beauté. « Les étoiles qui le composent, vues dans un télescope d'une ouverture assez grande pour distinguer les couleurs, font l'effet, dit Herschel, d'un écrin de pierres précieuses polychromes [1]. »

J'ai dit plus haut qu'il fallait distinguer la couleur propre des étoiles, couleur constante, des variations instantanées et souvent renouvelées que produit la scintillation. Cependant, cette constance de couleur n'est pas absolue. Il paraît certain qu'à la longue certaines étoiles changent de couleur. Sirius est le premier exemple constaté de cette modification. Les écrits des anciens [2] le représentent comme une étoile rouge, tandis qu'aujourd'hui ce soleil se distingue par son éclatante blancheur.

Deux étoiles doubles, γ du Lion et γ du Dauphin, notées comme blanches par Herschel, sont formées maintenant d'une étoile principale jaune d'or, accompagnée d'une étoile vert-rougeâtre dans le premier couple, vert-bleuâtre dans le second. Du reste, cette variation de couleur ne semblera plus étonnante, si l'on se rappelle combien l'éclat de la

1. *Astronomical observations at the cape of good Hope*, p. 17. On trouve dans le XXXIIIe volume des *Monthly notices*, un dessin du groupe de κ Croix, de M. W. C. Russell, où les couleurs des étoiles sont quelque peu différentes de celles qu'a indiquées J. Herschel, mais l'effet général n'est pas moins brillant.

2. « La Canicule (c'est le nom que les Latins donnaient à Sirius) est d'un rouge plus vif que Mars. » (Sénèque, *Questions naturelles*, I, 1.)

lumière des étoiles subit lui-même de variations.

Cette variation ne semble pas pouvoir s'expliquer par la différence des instruments employés, puisque les miroirs des télescopes d'Herschel donnaient plutôt une teinte rougeâtre à tous les objets, et que c'est Struve, avec la grande lunette de Fraunhofer, qui a constaté la coloration des deux couples.

Il n'en reste pas moins, à l'état de problèmes, une foule de questions que suggère la diversité de couleurs des lumières stellaires. A quelles causes physiques ou chimiques tiennent ces différences ? Sont-elles seulement l'indice des températures plus ou moins élevées, d'une incandescence plus ou moins vive des photosphères des soleils ? Toutes ces nuances qui vont d'une extrémité à l'autre de l'*échelle* chromatique, du bleu au rouge, puis au blanc pur, correspondraient-elles à des états physiques analogues à ceux où se trouve le platine, par exemple, lorsque du rouge sombre, par un accroissement progressif de chaleur, il arrive jusqu'au blanc éblouissant ? Cela est peu probable ; il faudrait pour cela que les étoiles fussent assimilables à des corps solides incandescents. Une opinion plus vraisemblable, est celle qui considère cette variété de couleur comme un indice caractéristique des substances gazeuses qui se trouvent en ignition dans chaque photosphère.

On peut se demander aussi quelle est la cause des variations de couleurs d'une même étoile, si le passage d'une extrémité à l'autre de l'échelle spectrale marque une diminution ou un accroissement dans la température, dans la radiation de sa photosphère ; si les soleils bleus, comme on l'a supposé, sont des soleils en voie de décroissance. Toutes ces questions du plus haut intérêt ont été diversement résolues, mais en l'absence de faits positifs, les réponses étaient presque entièrement conjecturales, jusqu'au moment où l'analyse spectroscopique put aborder de tels problèmes, et apporter quelques faits nouveaux à l'appui des hypothèses. Le paragraphe suivant va donner quelques détails sur cette nouvelle et importante branche de la science, sur la méthode qui a fait progresser si vite l'étude de la constitution de notre propre Soleil.

§ 2. — Analyse spectrale de la lumière des étoiles.

Fraunhofer, après avoir découvert les innombrables raies sombres dont le spectre de la lumière du soleil est sillonné, eut le premier l'idée d'étudier au même point de vue les spectres de la lumière des étoiles. Il trouva dans les spectres de Sirius, de Castor, de Pollux, de la Chèvre, de Bételgeuse et de Procyon, un certain nombre de raies noires diversement placées relativement aux couleurs et aux raies du spectre solaire; mais il put reconnaître, dans les quatre dernières étoiles, l'identité de position d'une ou deux raies et notamment de la raie D, placée, comme on sait, au milieu du jaune du spectre solaire. Fraunhofer publia ces résultats en 1823. Trente-sept ans plus tard, en 1860, l'astronome Donati étendit la même étude à un plus grand nombre d'étoiles, en choisissant toujours, à cause de leur plus grande intensité lumineuse, les étoiles de première grandeur. Il parvint à fixer, relativement aux lignes du spectre solaire, les positions exactes de

13 raies sombres, savoir : Sirius (3 raies), Wéga (3 raies), Procyon (3 raies), Régulus (2 raies), Fomalhaut (1 raie), Castor (2 raies), Ataïr (2 raies), la Chèvre (3 raies), Arcturus (2 raies), Pollux (2 raies), Aldébaran (2 raies) et Antarès (2 raies).

Tout ce qu'on pouvait conclure de ces premiers résultats, c'est que les lumières des étoiles étudiées avaient entre elles et avec la lumière du Soleil, une certaine analogie, c'est qu'elles étaient des sources lumineuses de même ordre. Mais ces conséquences prirent tout à coup une importance extrême, quand la méthode d'analyse spectrale fut découverte par Kirchhoff et Bunsen, et que ces savants l'eurent appliquée à la constitution physique et chimique du Soleil. On put alors, en comparant les positions des raies des spectres stellaires aux raies brillantes des spectres des gaz et des métaux, étendre aux étoiles les conclusions déjà obtenues pour le Soleil, et connaître dans une certaine mesure la constitution physique et chimique de corps célestes dont la lumière met des années pour venir jusqu'à nous. Huggins et Miller en Angleterre, Secchi à Rome, Janssen, Wolf et Rayet à Paris, Vogel en Allemagne, d'Arrest en Danemark, Rutherfurd, Langley, en Amérique, sont les noms des savants à qui l'on doit, dans cet ordre de recherches, les découvertes les plus intéressantes, dont nous allons donner un résumé rapide.

Aldébaran. D'après MM. Huggins et Miller[1], la lumière d'un rouge pâle d'Aldébaran, analysée au spectroscope, présente de nombreuses et fortes lignes, particulièrement dans l'orangé, le vert et le

1. *On the spectra of some of the fixed Stars*, mai 1864.

Fig. 61. — Télescope de Tulse Hill, installé par M. W. Huggins pour ses études de spectroscopie céleste.

bleu. Les positions mesurées de 70 de ces raies ont montré les coïncidences suivantes avec les raies brillantes de neuf éléments chimiques :

Sodium (double ligne D).
Magnésium (3 raies du groupe *b*).
Hydrogène (les lignes C et F).
Calcium (5 raies dont 2 E).
Bismuth (4 fortes raies).
Tellure (4 fortes raies).
Antimoine (3 raies).
Mercure (4 raies).

Les lignes de l'azote, du cobalt, de l'étain, du plomb, du cadmium, du barium et du lithium n'ont fourni aucune coïncidence avec les raies de l'étoile.

Bételgeuse (α Orion). Spectre extrêmement complexe et remarquable. De forts groupes de lignes se voient dans le rouge, le vert et le bleu. En outre, sept bandes sombres, paraissant formées de lignes très-fines, sont réparties entre diverses régions du spectre, du rouge au bleu. Comme dans Aldébaran, les raies citées plus haut du sodium, du magnésium, du calcium, du fer et du bismuth se trouvent dans ce spectre; mais, circonstance caractéristique, les raies de l'hydrogène sont absentes.

β *Pégase*. Le spectre de cette étoile a beaucoup d'analogie avec celui de α Orion : même disposition des groupes de lignes et des bandes sombres, et aussi même absence de l'hydrogène. La présence du sodium, du magnésium et probablement du barium a été constatée. Le Soleil et le plus grand nombre des étoiles analysées jusqu'ici ont dans leurs spectres les raies C et F de l'hydrogène; l'absence des raies et par conséquent de la substance elle-même, dans les atmosphères de α Orion et β Pégase, mérite donc d'être remarquée [1].

1. MM. Huggins et Miller considèrent cette exception comme fort importante à un autre point de vue : « Si toutes

Sirius (α Grand-Chien). Le spectre de cette brillante étoile est fort intense; mais, dans nos climats, le peu de hauteur de l'astre rend difficile l'observation des raies les plus fines. La double ligne D du sodium, les trois raies *b* du magnésium, C et F de l'hydrogène coïncident avec les principales lignes du spectre de Sirius, qui paraît aussi renfermer du fer.

Wéga (α Lyre) a un spectre pareil à celui de Sirius, et cette étoile a les mêmes éléments, sodium, magnésium et hydrogène.

La Chèvre. Le spectre de cette étoile blanche est tout à fait semblable à celui de notre Soleil. Les raies y sont très-nombreuses; et parmi celles que MM. Huggins et Miller ont mesurées, se trouve la double ligne D du sodium. La même coïncidence a été trouvée par eux dans α du *Cygne* et dans *Procyon*.

Le spectre de *Pollux*, riche en raies, accuse l'existence du sodium, du magnésium et probablement du fer. Enfin la double raie du sodium se trouve aussi dans le spectre d'Arcturus, qui a quelque ressemblance avec le spectre solaire.

Une quarantaine d'autres étoiles ont eu leurs lumières analysées à la même époque, par les savants dont nous venons de résumer les observations; mais, depuis douze ans, les recherches du même

les étoiles sans exception, disent-ils, donnaient ces lignes, on pourrait présumer qu'elles sont dues à l'atmosphère de la Terre; l'exception démontre que les raies de l'hydrogène existent réellement dans la lumière de ces corps. » Cette remarque était faite en 1864, alors que la présence de l'hydrogène dans le Soleil n'avait point encore été mise hors de doute par l'analyse des protubérances.

genre ont été considérables, et fourniraient la matière d'un ouvrage important. Continuons de donner une idée des principaux résultats obtenus.

D'après le P. Secchi, qui a étudié les spectres de plus de trois cents étoiles de diverses grandeurs, on peut ranger les étoiles en trois ou plutôt en quatre classes principales :

La première classe comprend les étoiles blanches ou azurées, et a pour type Sirius; telles sont aussi Wéga, Ataïr, Régulus, Rigel, les étoiles de la Grande-Ourse (α excepté), celles d'Ophiucus, etc. Le spectre de leur lumière est traversé par quatre fortes raies sombres situées, l'une dans le rouge, la seconde dans le bleu à la limite du vert (raie F du spectre solaire), la troisième dans le violet (voisine de H); la quatrième, dans l'extrême violet, est visible dans le spectre des plus brillantes étoiles. Ce sont les quatre raies les plus brillantes de l'hydrogène. D'après Secchi, la moitié à peu près des étoiles du ciel se rapportent à ce type.

La seconde classe renferme les étoiles à lumière jaune, et a pour types principaux Arcturus, Pollux, la Chèvre, α Grande-Ourse, Procyon; la plupart des belles étoiles de seconde grandeur en font partie. Leurs spectres sont, comme le spectre solaire, sillonnés de raies fines et nettes. Dans Arcturus, trente raies, choisies parmi les principales, coïncident avec des raies solaires. Cette classe contient le tiers des étoiles du ciel.

Les étoiles rouges, comme Bételgeuse, Antarès, Algol, α Hercule, β Pégase, composent la troisième classe, et ont généralement un spectre formé de larges zones brillantes, au nombre de six ou sept, séparées par des intervalles nébuleux, semi-obscurs : on a vu plus haut la description, d'après Huggins et Miller, des spectres de deux de ces étoiles. L'aspect de ces spectres est celui de cannelures ou d'une série de colonnes éclairées par côté. Les étoiles de cette classe sont moins nombreuses que celles des deux autres, et se confondent quelquefois avec la seconde. Ainsi Aldébaran participe à la fois de la seconde et de la troisième classe. Ce troisième type comprend, d'après Secchi, des étoiles qui sont toutes variables, et dont la couleur tire plus ou moins sur le rouge ou l'orangé.

En résumé, Secchi a trouvé, sur 316 étoiles observées, 164 étoiles appartenant à la première classe et ayant pour type Wéga de la Lyre, 140 étoiles de la seconde classe, dont le type est notre Soleil, et 12 seulement dans la troisième classe, caractérisée par α d'Hercule.

La quatrième classe, que nous n'avons pas encore indiquée, comprend un petit nombre de petites étoiles de couleur rouge-sang, dont le spectre ne diffère de celui de la troisième que par le plus petit nombre des zones claires, et par cette particularité « que la lumière des zones commence brusquement du côté du violet et va en s'affaiblissant insensiblement du côté du rouge, tandis que, dans les spectres du troisième type, les mêmes circonstances se présentent dans le sens inverse. »

Cette classification générale rencontre toutefois quelques exceptions qui n'en offrent que plus d'intérêt : le spectre de γ de Cassiopée est parfaitement complémentaire du spectre de la première classe. A la place des raies sombres F et C du spectre solaire, on voit deux bandes lumineuses. Il en est de même de β de la Lyre et de trois petites étoiles du Cygne, de 8e grandeur, dont les spectres, selon MM. Wolf et Rayet, présentent des raies brillantes [1].

L'absence d'hydrogène dans les étoiles de la troisième classe et la composition chimique des unes et des autres, ont suggéré à M. Huggins les réflexions suivantes : « Je me hasarde à peine, dit-il, à émettre l'idée que les planètes qui peuvent circuler autour de ces soleils leur ressemblent très-probablement, et, comme eux, ne possèdent point cet élément d'une si haute importance, l'hydrogène. A quelles formes de la vie de semblables planètes peuvent-elles convenir ? Mondes sans eau ! il faudrait la puissante imagination du Dante pour arriver à peupler de telles planètes de créatures vivantes. A part ces exceptions, il est digne d'observer que ceux des éléments terrestres le plus largement répandus dans la vaste armée des étoiles, sont précisément les éléments essentiels à la vie, telle qu'elle existe sur la Terre : l'hydrogène, le sodium, le magnésium et le fer. L'hydrogène, le sodium et le magnésium représentent en outre l'Océan, qui est une partie essentielle d'un monde constitué comme l'est la Terre [2]. »

1. La classification en quatre types proposée par Secchi, est loin d'être adoptée, nous devons le dire, par tous les astronomes qui se sont occupés d'analyse spectrale stellaire. MM. Vogel, Rutherfurd, d'Arrest ont fait des objections et contesté ses conclusions. M. Huggins a donné le spectre d'une des étoiles rouges que Secchi range dans le quatrième type 152 (Schjellerup), et ce spectre, que nous avons reproduit dans la planche XLIV de notre ouvrage *Le Ciel*, diffère notablement de celui de Secchi.

2. D'après les récentes études de spectroscopie stellaire, dues au P. Secchi, ce ne serait pas seulement les subs-

§ 3. — Relation entre les spectres et les couleurs des étoiles.

L'explication des couleurs variées dont nous avons vu que brillent les lumières stellaires, doit se rattacher, selon Huggins, à la composition de leur spectre. Au moment de son émission, la lumière serait blanche pour toutes les étoiles ; mais avant de se répandre dans l'espace, elle doit traverser les atmosphères très-diversement composées de chacun de ces soleils. C'est ce trajet qui détermine l'absorption de tels ou tels rayons, selon la nature chimique des vapeurs des atmosphères solaires, et produit pour nous les raies sombres de chaque spectre. Comme ces raies sont plus ou moins intenses et plus ou moins nombreuses dans les diverses régions du spectre, il en résulte, pour la couleur de ces régions, une diminution d'intensité qui laisse la prédominance aux autres couleurs, moins absorbées. Les étoiles blanches seraient celles où les raies se trouvent à peu près également disséminées dans toute la longueur du spectre. Donnons quelques exemples : dans le spectre d'α Orion, le vert et le bleu sont comparativement sombres, à cause des groupes de raies noires serrées et nombreuses dans

tances simples et les métaux, dont l'existence dans les étoiles se manifesterait par la présence de telles ou telles raies dans leurs spectres, mais probablement aussi des substances gazeuses composées, des hydrocarbures. « Un grand nombre d'étoiles, dit-il, présentent une bande noire dans le vert, très-près du magnésium ; il est probable que c'est plutôt cette vapeur hydrocarburée que le magnésium, qui la produit »

ces régions ; elles sont beaucoup plus rares dans l'orangé. La même circonstance se présente pour β Pégase. Aussi ces deux étoiles sont-elles, la première de couleur orangée, la seconde jaune. Aldébaran est d'un rouge pâle. Aussi le spectre de cette étoile renferme peu de lignes (sauf C de l'hydrogène) dans le rouge, tandis que la région de l'orangé est considérablement assombrie par des lignes sombres, beaucoup moins nombreuses dans le vert et dans le bleu. Dans le spectre de Sirius, sauf cinq lignes un peu fortes, les raies sont très-fines, et à peu près également réparties dans toute l'étendue du spectre.

Une étude comparative des spectres des composantes d'étoiles doubles a permis également à Huggins de constater que la couleur bleue de la plus petite étoile, de l'étoile satellite, est réelle et non pas produite par un effet de contraste. Il prend pour exemple les composantes de l'étoile double α d'Hercule. Le spectre de la principale est remarquable par des groupes intenses des raies sombres dans le vert, le bleu et le violet : le jaune, l'orangé et le rouge n'ont que quelques faibles raies ; ainsi, la disposition des bandes d'absorption s'accorde avec la couleur de cette étoile où l'orangé prédomine. La lumière du satellite est, au contraire, bleu-verdâtre. Or, son spectre est sillonné de plusieurs groupes de lignes dans le rouge et dans l'orangé, tandis que la région la plus réfrangible est rendue très-brillante par l'absence de fortes raies. Une analyse semblable (fig. 62), faite sur les composantes de β du Cygne, l'une orangée, l'autre bleue, ont conduit M. Huggins aux mêmes conclusions.

Nous avons vu que la scintillation est un phénomène d'interférence dû à la différence de vitesse des rayons colorés, dans leur passage à travers les couches hétérogènes de l'atmosphère. M. Montigny a étudié le phénomène au point de vue de la fréquence relative des mouvements très-rapides qui le constituent, et il a remarqué que cette fréquence varie selon la nature des spectres des étoiles observées. Elle est moindre dans les étoiles de la 3e classe de Secchi, dont α Hercule est le type, plus forte dans celle de la 2e classe représentée par Pollux, et atteint son maximum dans celle de la 1re classe telles

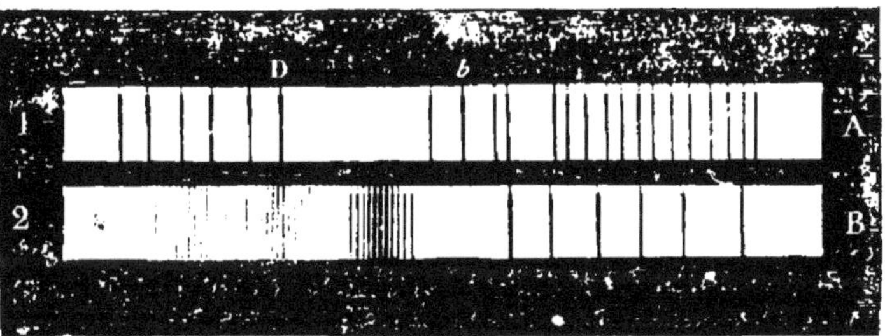

Fig. 62. — Spectres des deux composantes de l'étoile double β du Cygne. A, étoile principale, couleur orangée ; B, satellite de couleur bleue.

que α Lyre. La moyenne représentant pour chaque classe le nombre des mouvements scintillatoires est 56, 69 et 86. L'étoile ε Grande-Ourse a donné le nombre le plus élevé, celui de 111 oscillations par seconde. En résumé, les étoiles qui scintillent le moins sont celles dont le spectre renferme des lignes nombreuses, interrompues par des zones sombres; puis viennent les étoiles à spectres sillonnés de raies fines, et enfin, au premier rang, celles qui, comme Sirius et Wéga, ont leurs spectres formés d'un petit nombre de fortes lignes.

§ 4. — Analyse spectrale de la lumière des étoiles variables.

L'analyse spectrale de la lumière des étoiles variables ou temporaires ne donne pas de moins intéressants résultats que ceux qui se rapportent aux étoiles simples ou doubles à lumière constante. On a vu plus haut que, d'après Secchi, les étoiles dont le spectre appartient au troisième type, sont généralement variables. Mais il était important de comparer l'état de leurs lumières aux diverses phases de leurs périodes. Considérons, avec cet astronome, deux des plus célèbres, Algol dont la période est courte et régulière, et o de la Baleine, étoile variable à longue période.

« Algol, examinée plusieurs fois, à l'époque de son minimum d'éclat, a toujours montré (comme dans son maximum) le même type : celui d'α de la Lyre. » La conclusion à tirer de cette constance dans le spectre de l'étoile, c'est, selon Secchi, que la variation n'est pas due à un changement réel dans la constitution de l'étoile, ni à un mouvement de rotation qui montrerait et cacherait alternativement une région de l'étoile couverte de taches. L'astronome romain l'attribue aux éclipses d'un corps opaque faisant sa révolution autour de l'étoile en 2 jours 21 heures, dans un plan qui passe par la Terre. « Cette idée, dit M. Delaunay, déjà émise antérieurement, s'accorde d'ailleurs très-bien avec la régularité du phénomène et avec le peu de durée de la phase de diminution (un peu moins de 7 heures) relativement à la durée totale d'une période. »

Il n'en est pas ainsi de Mira. Son spectre est du troisième type, à cannelures cylindriques parfaitement tranchées, avec les mêmes raies noires que dans celui de l'étoile type α Hercule. « Mais au fur et à mesure, dit Secchi, que l'étoile gagne en éclat, les raies noires du jaune et les premières du vert paraissent diminuer de netteté et devenir moins noires. Ce fait est très-intéressant : il indiquerait ici une source de variabilité différente de celle d'Algol. » Le même savant signale comme remarquable le fait que les étoiles variables à période irrégulière (comme α Orion, α Hercule, Mira, etc.), sont des étoiles du même type, à zones multiples. « Cette constitution spectrale, dit-il, indiquant de vastes atmosphères absorbantes, conduit à penser que leur variabilité vient probablement de crises que subit l'atmosphère dont elles sont environnées. »

Nous allons voir de telles crises se manifester dans les étoiles nouvelles ou temporaires, sur une échelle beaucoup plus vaste, mais avec l'absence de toute périodicité régulière.

La récente apparition de l'étoile nouvelle T de la Couronne boréale a été l'occasion heureuse de ces découvertes. Citons les observateurs eux-mêmes, MM. Huggins et Miller : « Le spectre de l'étoile variable de la Couronne se montre formé de deux spectres superposés, le premier formé de quatre raies brillantes, le second analogue au spectre du Soleil, chacun d'eux résultant de la décomposition d'un faisceau lumineux indépendant de la lumière qui donne naissance à l'autre. Le spectre continu sillonné de groupes de raies obscures, indique la présence d'une phostosphère de matière incandescente, presque certainement solide ou liquide, entourée d'une atmosphère de vapeurs plus froides, qui font naître par absorption les groupes des raies sombres. Jusqu'ici, la constitution de cet astre est analogue à celle du Soleil ; mais il offre un spectre additionnel formé de raies brillantes. Il y a donc là une seconde source de lumière spéciale, et cette source doit être un *gaz lumineux*. En outre, les deux principales raies brillantes de ce spectre nous apprennent que ce gaz était composé surtout d'hydrogène, et leur grand éclat prouve que la température du gaz lumineux a été plus élevée que celle de la photosphère. Ces faits, rapprochés de la soudaineté de l'explosion de lumière dans l'étoile, de sa diminution d'éclat immédiate et si rapide, de sa chute, en douze jours, de la seconde à la huitième grandeur, nous conduisent à admettre que l'astre s'est trouvé subitement enveloppé des flammes de l'hydrogène en combustion. Il se pourrait qu'il eût été le siége de quelque grande convulsion, avec dégagement énorme de gaz mis en liberté. Une grande partie de ce gaz était de l'hydrogène, qui brûlait à la surface de l'étoile en se combinant avec quelque autre élément. Ce gaz enflammé émettait la lumière caractérisée par le spectre des raies brillantes. Le spectre de l'autre portion de la lumière stellaire indiquerait que cette terrible déflagration gazeuse avait surchauffé, et rendu plus vivement incandescente, la matière solide de la photosphère. Lorsque l'hydrogène libre eut été épuisé, la flamme s'abattit graduellement, la photosphère devint moins lumineuse, et l'étoile revint à son premier état. » — « Nous ne devons pas oublier, ajoute M. Huggins, que la lumière, messager cependant si rapide, exige un certain temps pour venir de l'étoile à nous. Cette grande convulsion physique, nouvelle pour nous, était donc déjà un événement passé relativement à l'étoile elle-même. En 1867, elle était depuis des années déjà dans les conditions nouvelles que lui a faites cette violente catastrophe ! »

Cette dernière remarque s'applique, nous l'avons dit déjà, à tous les phénomènes célestes du monde sidéral. Les rayons de lumière qui émanent des étoiles nous arrivent, à chaque instant, après avoir accompli des voyages dont la durée se compte par années, nous l'avons vu, et probablement par siècles. Comme l'a dit Arago, « l'aspect du ciel, à un instant donné, nous raconte pour ainsi dire l'histoire ancienne des astres. »

Sans doute, les étoiles nouvelles de 1572, de 1604, l'étoile temporaire et si extraordinairement variable η du Navire, sont des soleils qui, comme l'étoile de la Couronne, ont été le théâtre d'immenses conflagrations, où l'hydrogène a pu jouer un rôle important. Ces phénomènes ont désormais pour nous et notre monde solaire un haut intérêt, depuis qu'on a constaté l'existence d'une couche de ce gaz et son incandescence tout autour de la photosphère du Soleil.

Une découverte semblable, celle d'une nouvelle étoile qui a fait, l'an dernier, son apparition dans le Cygne, est venue nous obliger à compléter ce chapitre par des détails que nos lecteurs liront, croyons-nous, avec intérêt.

Vue à Athènes pour la première fois par M. Schmidt, le 24 novembre 1876 (près de l'étoile ρ de la même constellation), l'étoile nouvelle, très-jaune, était alors de la 3ᵉ grandeur, plus intense que η Pégase. M Paul Henry l'a observée à Paris vers la fin de novembre; elle lui a paru de 5ᵉ grandeur et de couleur verdâtre, presque bleue.

Le 2 décembre suivant, M. Cornu, et indépendamment M. Cazin, ont analysé sa lumière. « Dans une

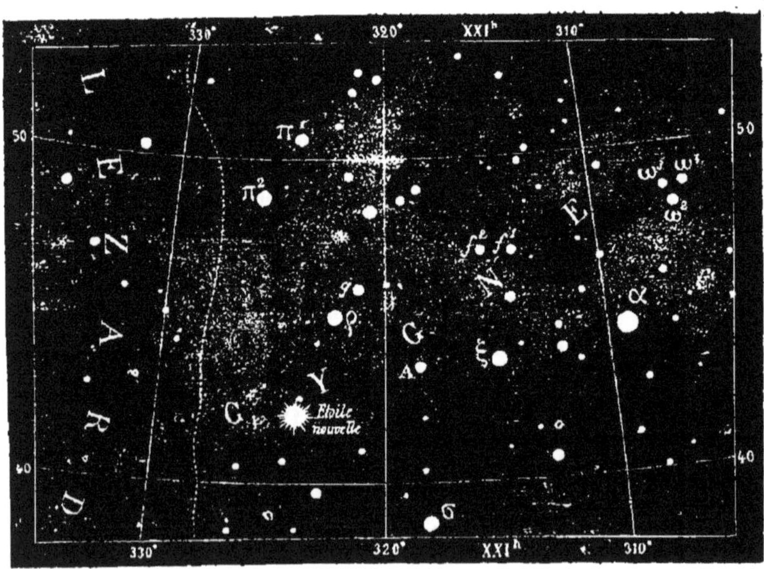

Fig. 63. — Position de l'étoile nouvelle du Cygne, d'après les observations de M. J. Schmidt (grandeur de l'étoile à la date du 24 novembre 1876).

très-courte et demi-éclaircie, dit M. Cornu, j'ai pu observer le spectre de l'étoile pendant quelques instants. Il m'a paru formé en grande partie de lignes brillantes, et, par conséquent, provenir vraisemblablement d'une vapeur ou d'un gaz incandescent. » De nouvelles observations ont permis à notre savant compatriote une étude spectroscopique plus précise dont voici les principaux résultats.

Fig. 64. — Spectre de la nouvelle étoile du Cygne, d'après les observations et les mesures de M. Cornu.

« Le spectre de l'étoile, dit-il, se compose d'un certain nombre de lignes brillantes, se détachant sur un fonds lumineux, interrompu presque complétement entre le vert et l'indigo, de sorte qu'à première vue, le spectre paraît composé de deux parties séparées. » Huit raies brillantes qu'il désigne dans l'ordre de leur éclat par les lettres α, β, γ, δ, ε, η, ζ, θ, correspondaient aux longueurs d'onde suivantes (exprimées en millioniémes de millimètre) :

α	δ	γ	β
661	588	531	517
ζ	η	θ	ε
500	483	451	431

α, η et ε se trouvent ainsi correspondre presque identiquement avec trois raies de l'hydrogène (C, F, et 434). δ est la raie du sodium ou peut-être plutôt celle de la raie D (hélium) de la chromosphère solaire; β correspond à la triple raie 6 du magnésium; mais, ce qui est d'un haut intérêt, c'est la coïncidence probable des raies γ et θ avec deux raies, dont l'une (1474 de Kirchoff) est une des raies caractéristiques de la chromosphère et de la couronne, et la seconde appartient aussi à la chromosphère. « En résumé, la lumière de l'étoile paraît posséder exactement, dit M. Cornu, la même composition que celle de l'enveloppe du Soleil nommée chromosphère. »

Le savant observateur ajoute : « Malgré tout ce qu'il y aurait de séduisant et de grandiose à tirer de ce fait des inductions relatives à l'état physique de cette étoile nouvelle, à sa température, aux réactions chimiques dont elle peut être le siége, je m'abstiendrai de tout commentaire et de toute hypothèse à ce sujet. Je crois que nous manquons de données nécessaires pour arriver à une conclusion utile, ou tout au moins susceptible de contrôle. Quelque attrayantes que soient ces hypothèses, il ne faut pas oublier qu'elles sont en dehors de la science, et que, loin de la servir, elles risquent fort de l'entraver. »

Tous les esprits sérieux adhéreront aux réserves de M. Cornu. La découverte qu'il a faite, si elle est confirmée par des mesures ultérieures, est par elle-même assez importante, et l'induction qu'il en tire sur l'identité de composition de la lumière de l'étoile nouvelle avec l'atmosphère solaire, est assez *attrayante* pour n'avoir pas besoin de commentaire; mais nous protestons contre cette idée, que les hypothèses entravent la science; quand elles sont rationnelles, c'est-à-dire quand elles sont basées à la fois sur les faits nouvellement observés et sur les lois mathématiques ou physiques antérieurement démontrées, les hypothèses font partie intégrante de la vraie méthode ; bien loin de faire obstacle à la science, elles sont une cause incessante de progrès scientifiques.

Là se termine ce que nous avions à dire sur les étoiles, d'après les données de l'astronomie contemporaine. Le sujet cependant est loin d'être épuisé. Nous n'avons, en effet, considéré que les étoiles prises individuellement, ou formant des systèmes déterminés de deux ou au plus de quelques soleils; nous n'avons fait qu'entrevoir les immenses associations qui réunissent en groupes des milliers d'étoiles. De tels groupes, en nombre considérable, parsèment la profondeur des cieux; on en soupçonnait à peine l'existence il y a deux siècles, la plupart étant invisibles à l'œil nu. On les connaît sous le nom général de *Nébuleuses*. Dans un volume qui paraîtra sous ce titre et fera suite aux *Étoiles*, nous compléterons la description de l'univers sidéral. Nous verrons alors que le soleil avec toutes les étoiles des huit ou neuf premières grandeurs, forment un de ces systèmes ou amas, plongé dans une nébuleuse immense qui n'est autre que la Voie Lactée. Nous passerons en revue ces objets merveilleux, et nous essaierons de montrer comment on a pu se faire une idée de la disposition générale de ces groupes, et arriver à une conception d'ensemble de la structure de l'univers.

FIN.

TABLE DES FIGURES

PLANCHES HORS TEXTE :

FIN DE LA TABLE DES FIGURES

TABLE DES MATIÈRES

CHAPITRE IV. — MOUVEMENTS PROPRES DES ÉTOILES.

CHAPITRE V. — ÉTOILES DOUBLES ET MULTIPLES.

CHAPITRE VI. — ÉTOILES VARIABLES.

CHAPITRE VII. — LES LUMIÈRES STELLAIRES.

FIN DE LA TABLE DES MATIÈRES.

OUVRAGES DU MÊME AUTEUR

PUBLIÉS PAR LA MÊME LIBRAIRIE :

LE CIEL. — *Notions élémentaires d'Astronomie physique à l'usage des gens du monde.* — 5e édition, entièrement refondue et considérablement augmentée, illustrée de 62 grandes planches dont 22 tirées en couleur et de 361 vignettes insérées dans le texte, dont un grand nombre de nouvelles. 1 magnifique vol. gr. in-8 jésus... 30 fr.
Relié 36 fr.

LES PHÉNOMÈNES DE LA PHYSIQUE. — 2e édition, illustrée de 457 figures insérées dans le texte et de 11 planches imprimées en couleur. 1 magnifique volume gr. in-8 jésus. . . . . 20 fr.
Relié 26 fr.

LES APPLICATIONS DE LA PHYSIQUE *aux Sciences, à l'Industrie et aux Arts.* — 1 magnifique volume gr. in-8 jésus, illustré de 427 vignettes insérées dans le texte, de 22 grandes planches dont 6 imprimées en couleur et de 3 cartes. . . . . 20 fr.
Relié 26 fr.

LES COMÈTES. — 1 magnifique volume gr. in-8 jésus, illustré de 78 vignettes et de 11 planches en couleur.. 10 fr.
Relié 16 fr.

LES CHEMINS DE FER. — *Tracé, construction, mécanisme, matériel et exploitation.* — 4e édition, illustrée de 123 vignettes. 1 vol. in-16. . . . . 2 fr. 25

LA VAPEUR. — 1 volume in-16 illustré de 123 vignettes. . . . . 2 fr. 25

ÉLÉMENTS DE COSMOGRAPHIE. — 3e édition, conforme aux programmes de l'enseignement secondaire spécial. 1 vol. gr. in-18, illustré de 2 planches et de 164 vignettes. . . . . 3 fr. 50

PETITE ENCYCLOPÉDIE POPULAIRE

DES SCIENCES ET DE LEURS APPLICATIONS

Par Amédée GUILLEMIN

Auteur du *Ciel*,
des *Phénomènes et des Applications de la Physique.*

EN VENTE :

LA LUNE. — *Description physique, volcans et montagnes, météorologie.* Un vol. gr. in-18, illustré de 2 grandes planches et de 46 vignettes. 3e édition. . . . . 1 fr. 25

LE SOLEIL. — *Sa lumière et sa chaleur, ses taches, sa constitution physique et chimique; son rôle dans le monde solaire et dans le monde sidéral.* Un vol. gr. in-18 illustré de 58 vignettes. 3e édition . . . . 1 fr. 25

LA LUMIÈRE ET LES COULEURS. Un vol. gr. in-18, illustré de 71 vignettes.......................... .... 1 fr. 25

LE SON. — *Notions d'acoustique physique, physiologique e musicale.* Un vol. gr. in-18, illust. de 70 vignettes. 1 fr. 25

LES ÉTOILES. — *Notions d'Astronomie sidérale.* Un vol. gr. in-18, illustré de 64 vignettes, d'une carte céleste et d'une planche coloriée...................... ..... 1 fr. 25

EN PRÉPARATION :

L'Électricité.
Les Nébuleuses.
La Pesanteur.
Les Étoiles filantes.

Coulommiers. — Typographie Paul Brodard.

LITTÉRATURE POPULAIRE

Editions à 1 fr. 25 c. le volume, format in-18 jésus

Le cartonnage en percaline gaufrée se paye en sus 50 cent. par volume.

Aunet (Mme Léonie d'). Voyage d'une femme au Spitzberg. 1 vol.
Badin (Ad.). Duguay-Trouin. 1 vol.
— Jean Bart. 1 vol.
Baines (Th.). Voyage dans le Sud-Ouest de l'Afrique. 1 vol.
Baker (V.-W.). Le lac Albert. 1 vol.
Baldwin. Du Natal au Zambèse. 1865-1866. Récits de chasses. 1 vol.
Barrau (Th.-H.). Conseils aux ouvriers. 1 v.
Bernard (Fréd.). Vie d'Oberlin. 1 vol.
Boileau. Œuvres complètes. 2 vol.
Bonnechose (Émile de). Bertrand du Guesclin. 1 vol.
— Lazare Hoche, 1793-1797. 1 vol.
Burton (Le capitaine). Voyage à la Mecque, aux grands lacs d'Afrique et chez les Mormons. 1 vol.
Calemard de la Fayette. La Prime d'honneur. 1 vol.
— L'Agriculture progressive. 1 vol.
Carraud (Mme Z.). Une servante d'autrefois. 1 vol.
— Les veillées de maître Patrigeon. 1 vol.
Charton (Ed.). Histoires de trois enfants pauvres. 1 vol.
Conférences faites à la Gare Saint-Jean, à Bordeaux. 2 vol.
Corne (H.). Le cardinal Mazarin. 1 vol.
— Le cardinal de Richelieu. 1 vol.
Corneille (Pierre). Chefs d'Œuvre. 1 vol.
— Œuvres complètes. 7 vol.
Deherrypon (Martial). La Boutique de la marchande de poissons. 1 vol.
DelaPalme. Le premier livre du citoyen. 4e édition. 1 vol.
Duval (Jules). Notre pays. 1 vol.
Ernouf (Le baron). Histoire de trois ouvriers français. 1 vol.
— Jacquard, Philippe de Girard. 1 vol.
— Denis Papin, sa vie, ses œuvres (1647-1714). 1 vol.
Frank (A.). Morale pour tous. 1 vol.
Franklin. Œuvres traduites de l'anglais et annotées par Ed. Laboulaye. 5 vol.
Guillemin (Amédée). La Lune. 1 vol. illustré de 2 grandes planches et de 46 vignettes.
— La Lumière et les Couleurs. 1 vol. illustré de 71 gravures. 2e édition.
— Le Soleil. 1 vol. illustré de 58 grav. sur bois.
— Le Son. Notions d'acoustique physique et musicale. 1 vol. avec 70 fig.
Haureau (B.). Charlemagne et sa cour. 1 vol.
— François Ier et sa cour. 1 vol.
Hayes (Dr I.-I.). La mer libre du pôle. 1 vol.
Hoefer. La chimie enseignée par la biographie de ses fondateurs. 1 vol.
— Les saisons. 2 vol. illustrés.
Homère. Les beautés de l'Iliade et de l'Odyssée, traduction de M. Giguet. 1 vol.
Joinville (Le sire de). Histoire de saint Louis, texte rapproché du français moderne, par Natalis de Wailly, de l'Institut. 2e édition. 1 vol.
Jonveau (Émile). Histoire de quatre ouvriers anglais. 1 vol.
— Histoire de trois potiers célèbres (Bernard Palissy, J. Weydwood, F. Böttger). 1 vol.
Jouault (A.). Abraham Lincoln. 1 vol. avec 2 portraits.
— Washington. 1 vol. avec une carte.
Labouchère (Alf.). Oberkampf. 1 vol.
Lacombe (P.). Petite histoire du peuple français. 1 vol.
La Fontaine. Choix de fables. 1 vol.
Lanoye (F. de). Le Nil et ses sources. 1 vol.
— Le Loyal serviteur : Histoire du gentil seigneur de Bayard. 1 vol. avec portrait.
Livingstone (Charles et David). Explorations dans l'Afrique australe et dans le bassin du Zambèse. 1840-1864. 1 vol.
Lescure (M. de). Vie de Henri IV. 1 vol.
Mage. Voyage dans le Soudan occidental. 1 vol.
Meunier (Mme H.). Le Docteur au village. Entretiens familiers sur l'hygiène. 1 vol.
— Entretiens familiers sur la botanique. 1 v.
Milton et le **Dr Cheadle**. Voyage de l'Atlantique au Pacifique. 1 vol. avec 104 figur.
Molière. Chefs d'Œuvre. 2 vol.
Mouhot. Voyage à Siam, dans le Cambodge et le Laos. 1 vol.
Muller (Eug.). La Boutique du marchand de nouveautés. 1 vol.
Palgrave (W.-G.). Une année dans l'Arabie centrale. 1 vol.
Perron d'Arc. Aventures d'un voyageur en Australie. 1 vol.
Pfeiffer (Mme Ida). Voyage autour du monde, édition abrégée par J. Belin de Launay. 1 vol.
Piotrowski (R.). Souvenirs d'un Sibérien. 1 vol.
Poirson. Guide-Manuel de l'Orphéoniste. 1 v.
Racine (Jean). Chefs d'Œuvre. 2 vol.
Reclus (É.). Les Phénomènes terrestres. 2 v.
Rendu (Victor). Principes d'agriculture. 2e édition. 2 vol. avec vignettes.
— Mœurs pittoresques des insectes. 1 vol.
Shakespeare. Chefs d'Œuvre. 3 vol.
Speke (Journal du capitaine John Hanning). Découverte des sources du Nil. 1 v.
Thévenin (Evariste). Cours d'économie industrielle. 7 vol.
Chaque volume se vend séparément.
— Entretiens populaires. 6 vol.
Chaque volume se vend séparément.
Vambéry (Arminius). Voyages d'un faux derviche dans l'Asie centrale. 1 vol.
Véron (Eugène). Les Associations ouvrières en Allemagne, en Angleterre et en France. 1 vol.
Wallon (de l'Instit.) Jeanne d'Arc. 1 vol. 1 fr.

Typographie Lahure, rue de Fleurus, 9, à Paris.

www.ingramcontent.com/pod-product-compliance
Ingram Content Group UK Ltd.
Pitfield, Milton Keynes, MK11 3LW, UK
UKHW020545180726
13838UKWH00001B/38

9 782329 445465